风物
中国志

王砚 主编

尼木

FENGWU
ZHONGGUOZHI

NIMU

湖南科学技术出版社

尼木：最是精微处

撰文
王砚

从地图上看，尼木正好位于拉萨和日喀则的嵌合处，宛如一片铰链，或者一枚楔子，精巧地将传统意义上的前藏与后藏衔接了起来。从吐蕃时期开始，尼木即作为分界线而存在，境内的江河、峡谷、雪山无不自带这种地理属性。有"中国最美景观大道"之称的国道318线、近年新开通的拉日铁路和即将开通的拉日高等级公路，皆穿尼木而过，无形中更是拓深了分界线的意义。

相较于高原上那些动辄旷野千里、渺无人烟的地区，尼木未免显得有点袖珍，面积只有北部邻居当雄县的四分之一左右。然而世界的每一种尺寸与格局里无不蕴藏着造物的巧思，尼木便是以足够的"丰富性"弥补了空间上的不足。仅从地理景观而言，几乎覆盖了整个尼木县的尼木国家森林公园，囊括了森林、江河、湖泊、高山、草原、荒漠、温泉……诸多壮丽奇景，甚至还包括难得一见的洪积扇，以及属于冻土地貌类型的石海、石河。生活在其中的飞鸟走兽、植物昆虫则构成了另一个大千世界。简言之，只要置身于此，探索的热情便总是处于昂扬状态。

尽管冬季漫长，夏日短暂，尼木在时序中的动人变化，仍然完好地保存在藏历中的每一个节日里。高原上的人们往往比一片树叶、一只鹿更为敏感，风变暖，水化冻，牛羊生出新的绒毛，青稞萌芽，山头落下初雪……天地为之一新或者渐露出严厉面容，种种细节，无不值得赞美和敬畏。人们的生活并不单调。农区有农区的忙碌，肥沃的田地一直都很少，需要比其他地方的人花更多时间和精力去打理。一年四季，地里总是有埋头耕作的身影，男人操作着微耕机，或者赶着两头犏牛翻地，女人包揽了地里的零碎活，锄草、捡拾麦穗、刨出土豆和芜根，收获时节，也会和男人们一起收割青稞、牧草和藜麦。在人均1.5亩耕地的尼木，凡能种植的土地都是无比珍贵的，人们见缝插针地播种耕耘，琢磨着如何用技术提高单位产量，居然把尼木种出了一个"油盆"的美誉。今天，尼木已经拥有了自动化的阳光温棚，种上了以前鲜见的番茄、白菜等蔬菜，一些外地的作物如藜麦、平谷大桃在经过试种后，也在此落地生根。不过谈起尼木，人们还是会想起那里曾经出产专供贵族享用的白青稞——这是独特风土与精耕细作结合的产物。

牧区与农区始终保持着频繁的交流。岁末，牧民们常常赶着成群的牛羊下山，以皮毛、奶制品、肉制品交换青稞、盐和其他日用品，农民们需要大量购买牛羊粪来为土地提供肥力，有时也被牧民请到家中参加编织工作，那多半是因为主人家要有喜事，需添置新的羊毛织物。在尼木，除了农民、牧民，吞巴乡的雍组还居住着"山民"。这座大山覆盖着当地少有的茂密植被，低矮的灌丛和高大的乔木依山势而生，雪山融水四季奔涌，春夏繁花盛开，鸟雀走兽栖居山林间，与人相安。野鹿时常突破青稞地四周的护栏，啃食青苗，人们虽有损失，却从不伤害它们，偶尔捡到脱落的美丽鹿角就当是它们留下的礼物吧。过去，当地人常常取高山柳柔软的树皮，制成结实美观的柳条筐、柳条篮，这些手工制品对于树木稀少的农区而言相当实用，可用来背土建房，盛放食物。县境北部的帕古乡彭岗村，以制陶而闻名。当地盛产五色黏土，制作各种陶器的技艺历史悠久。人们将做好的青稞酒壶、煨桑罐、水壶、油瓶、食钵等，驮载在牦牛背上，沿村叫卖，或者物物交换。牧区的人们尤喜陶罐，这是因为他们的居住地并无黏土和燃料，自然也无烧制技艺，而罐子适用于生活中许多场合。如此，各个区域的人们利用当地资源特点，均衡了短缺，大家各取所需，天长日久，一些物件的口碑也慢慢形成了。随着时光流逝，不管是山上还是山下的人们，日子早已跨越了传统，陶器和柳条编织渐渐退出日常使用范畴，但是它们以朴拙的造型和古老的技艺，日渐作为手工艺术品走进了人们的视野。

生活里不可或缺的另一样东西是藏香。像高原各地的藏族人一样，尼木人的一天也是从点燃一根藏香开始的，不同的是，这根细细的香本就产自尼木，甚或是出自他们认识的某位工匠之手。拥有迷人湿地风光的吞巴乡吞达村是尼木藏香的发源地，村中溪水漫流，高大的古榆柏聚生在河谷溪畔。藏香制作中，原材料的研磨极具特色。吞巴河边有 87 座水磨，人们开渠引水推动水车，水车带动曲轴木杵捣烂柏木，制成柏木泥砖。一座座水磨沿河岸排开，形成了富有民间传统劳作风情的景观。吞达村的人们坚信，是吞弥·桑布扎教会了他们制作藏香的技艺，这位松赞干布最为器重的大臣亦是藏文字的改良者。

文字自古是传承智慧的工具，人们需要花大量时间学习。发端于尼木的藏文书法"尼赤"，会写的人并不多，但足以成为尼木的骄傲。数百年来，手握竹笔的人用这种端庄优美的字体抄写的经文，能在雪域诸多著名寺院中见到，它们都被小心地珍藏了起来，一旦打开，那些用各种宝石颜料书写的字体就会在昏黄的酥油灯的照耀下闪闪发光，抄经者和阅读者的一片虔敬霎时都被点亮了。

藏香、文字都具备让人沉静的力量，对于制作者和书写者的影响尤是如此。我们常常看到他们盘腿坐在毡垫上，长时间沉默着，目光只落在眼前和手中的事物上。每个动作几乎都包含了过往的经验和戒律，守成与创新，看似简单的情景却拥有异常丰富的内在。又如高大的琼穆岗嘎雪山在碧蓝天色的映衬下，十分淡漠，与念青唐古拉山系的其他雪峰似乎并无差异感。然入夜后，星空低垂，万千星斗下，它的神性便渐渐浮现出来。这时忽然明白，山下的朗堆村里关于雪山的传说与歌谣都其来有自。而尼木，也正是从这些数不清的细节里渐渐清晰完整，最终为世人呈现它独特的精巧构造与无尽魅力。

目录

风

高原上，人与自然、生灵休戚与共。农牧业是尼木生存的根基，精神和物质文化都由此延展，在峰峦的褶皱、江河的奔涌中生长、繁荣、更迭。藏人虔诚地敬奉神灵、祈祝吉祥，朴素的信仰构成了尼木寻常生活的肌理，见证着上千年历史中的沧海桑田。

物

联结前藏和后藏的尼木自古便是拉萨的手工坊，物与人的互动、信仰与商业的交织，造就了这个"手工艺之乡"。名冠藏地的"尼木三绝"，在传统承继中历久弥新，与其他充满潜力的手艺，共同在现代经济模式下显现出迷人的魅力，焕发出雪域高原上属于尼木的光彩。

摄影 / 李珩

地道风物

尼木，如同一枚楔子般联结传统意义上的卫藏之地，小而精巧，然而集中了造物的诸多胜景，南北两座高山分别矗立于山南农区和羌塘草原，雅鲁藏布江自西向东奔腾过境。戈壁、温泉、湖泊、雪山……构成了尼木丰富的自然景观，也使其拥有了独特的地理属性。随着新的交通道路的延展，自古宜农宜牧的尼木也在不断开拓更广阔的发展空间。

从尼木出发

撰文
魏毅

20 世纪 80 年代，地域文化研究在开放的政治气候下蔚然成风，拉萨市政协的一个编写小组进入尼木县，无论是"受访者"还是"撰写者"，他们感受的是一种全新的地域题材被记录和书写的庄重感。而他们所编撰的《拉萨历史文化·尼木县》一书问世几十年，仍然是探寻尼木县历史文化的独一无二的入门读物。今日，当我们试图重写尼木，典范式的地域书写已经不再风行，在全球化与信息化的大潮下，西藏文化正面临整体性的时代变迁，传统意义上的自然壁垒与人文边界正在急速重整，甚至消失。对于尼木这样狭小的县域地理单元，我们能否在繁芜的历史中，清晰提炼具有现代意义的"地域独特性"？而对于头顶"手艺人""漂泊者"称谓的尼木人，又能够给现代西藏呈现何种闪亮之处？

山川，稳固与流动的界限

由拉萨驱车西南行，在曲水县折入 318 国道，沿旷阔的雅鲁藏布江河谷逆流而上。

秋冬之交，万物寂静，大地一片庄严。不知何时，反正是没有任何预兆，河谷遽然收束，习惯自由的江水愤怒地劈穿山石，奔流直下，呼啸声在两岸绝壁中久久回荡，令人忆起郦道元笔下的三峡。这条峡谷全名雅鲁藏布江尼木大峡谷，因 318 国道穿行于江北岸尼木县境内，故俗称尼木大峡谷。地质学家认为，尼木大峡谷形成于 6500 万年前，是向北漂移的印度板块和欧亚大陆板块在碰撞后遗留的一条深邃的缝隙。

在现今西藏的交通网络中，尼木大峡谷是沟通西藏自治区最大的两座城市——拉萨和日喀则（即传统地理概念的前、后藏中心）——的必经之路，2014 年开通运营的拉日铁路以及目前正在施工的拉日高等级公路，皆穿行尼木大峡谷。而在进入峡谷之前，一直与 318 国道结伴而行的拉日铁路和拉日高等级公路，忽然不辞而别，钻入隧道，新的工程技术条件让旅行者无需承受峡谷段的交通风险，却也令他们无从体验前现代旅行者过山车般的内心起落。当昏沉的旅客于睡梦中惊醒，注目车窗外的万丈深渊时，很有可能收到另一份馈赠——在晴朗时

图例中：

尼木县辖区
省级行政中心
地级行政中心
县级行政中心
乡级行政中心
山峰
G318 国道编号
S304 省道编号
拉日铁路 铁路
水系

▲念青唐古拉峰 7162

念青唐古拉山

琼穆岗嘎▲ 7048

麻江乡

尼木玛曲藏布

帕古乡
普松乡 续迈乡
尼木乡 ■尼木县（塔荣镇）
卡如乡 吞巴乡

拉萨

日喀则

雅鲁藏布江

G318 铁路 拉日 铁路 拉日

位于雅鲁藏布江北岸的尼木县联结了西藏自治区最大的两座城市——拉萨和日喀则（即传统地理概念的前、后藏中心）。

日，层峦叠嶂之上，江南岸的觉姆卡热雪山，如不期而遇的情人偶露芳容。

在西藏的神山谱系中，觉姆卡热山是一个重要的地理节点，每逢藏历猴年四月至六月间，转山的朝拜者从拉萨、日喀则、山南等地纷至沓来，络绎不绝。历史上藏地本土的圣地志或游记，大都将觉姆卡热山表述为卫藏之界山，以现代地理学的眼光检视，也是准确无误的。礼赞诗中称尼木"南邻俊俏之卡热雪山"，所言即此。这种描述与当下的地理边界并不吻合，在现代地图上，觉姆卡热山被定位于仁布县帕当乡与浪卡子县卡热乡交界处，站在尼木县境内，虽可远观却无法触摸，这种错位可能来源于行政区划的

变迁。据历史学家巴桑旺堆介绍，历史时期尼木与仁布的县域边界，并非单纯地划江而治。如今雅鲁藏布江南岸隶属于仁布县的帕当、亚德两地，在20世纪50年代以前长期归属尼木宗管辖，两地的语言和习俗至今仍与江北的尼木县相近。由此，觉姆卡热也可以看作是历史时期尼木县与山南的界山。

觉姆卡热山是我们的尼木之行中遇到的第一个边界，而遍数尼木境内的山川河流，自带边界属性的不胜枚举，这种边界的意义大多超越县域地理单元，而指向更大的自然地理或人文地理空间，可以说，边界是尼木最具独特性的地理属性。

从遥远的吐蕃时期开始，尼木即作为一

雅鲁藏布江两岸高山耸峙，从山顶到谷底，有时落差高达5000米。奔腾的江水拍击山石，涛声不绝于耳。从拉萨至日喀则的318国道穿过尼木大峡谷，沿途可领略雄奇的风景。摄影 / 周焰

紧依雅鲁藏布江的尼木县联结了传统意义上的卫藏地区，具有先天的地理区位优势。尽管耕地面积较少，但尼木人极为善于管理土地，不断学习提高耕作技术，使这里自古便能"产出全藏最好的糌粑"。县域北部的麻江乡是全县唯一的牧业乡，亦使尼木地跨农牧两区，拥有多元的地域文化。

摄影 / 索朗多杰

↑ 拉日铁路东起拉萨站,出站后先向南沿拉萨河而下,又折向西,溯雅鲁藏布江而上,穿越长度近 90 千米的雅鲁藏布江峡谷区,途经尼木、仁布县境抵达藏西南重镇日喀则。从尼木县卡如乡至日喀则仁布县,是雅鲁藏布江峡谷区最为狭窄的区域,地质情况复杂,铁路线先后四次跨越雅鲁藏布江,桥隧相连,工程艰巨。摄影 / 杨民

↓ 318 国道起点为上海市黄浦区人民广场,终点为日喀则市聂拉木县中尼友谊桥,全程 5476 千米。是连接了中国最多省份的公路,也是沿途自然景观最为丰富多彩的公路。它经过尼木县的吞巴乡和卡如乡,在尼木大峡谷中逶迤而过,一侧是壁立千仞的高山,一侧是湍急的雅鲁藏布江,险峻的风景令人赞叹之余也不由得心跳加速。摄影 / 樊觅韵

种政治边界的节点而存在，据1564年成书的《贤者喜宴》记载，松赞干布统一藏地后，设置了五个一级政区，即"五茹"，作为行政区划的首要因素，"茹参"即边界的划分首当其冲，其中以拉萨为中心的"卫茹"和以谢通门为中心的"叶茹"之间的边界，史书中记载为"续尼木"；其后，"卫茹"和"叶茹"分别整合为"卫"和"藏"的一部分，"续尼木"的边界意义也由此上升至卫藏层面。巴桑旺堆认为，所谓"续尼木"，并非尼木整个县域的代称，而专指尼木县东部续曲流域。同时，在二级政区层面，松赞干布在"茹"以下设置了61个军事机构和64个民事机构，其中叶茹之下即存在一个称为"尼木"的民事机构，辖境大体限于尼木河流域和续曲下游续迈乡一带，并不包括续曲上游以及今天的吞巴乡，其驻地很可能位于今日尼木县城西部的尼木村。因此，尼木最初的地理意义包括两种层面，一是作为后藏境内一个政区的尼木，二是作为前、后藏（即卫、藏）交界的尼木，显然，后者的意义更多被人提及。

《拉萨历史文化·尼木县》一书开篇有一首礼赞诗（原作者不详，魏毅译）：

> 北耸巍峨之琼穆岗嘎
> 南邻峻峭之卡热雪山
> 西湖雅鲁藏布之波涛
> 东流卫藏边界之尼木
> 饶饶之沃土五谷丰登
> 莽莽之草原牛羊遍野
> 攘攘之艺人巧夺天工
> 悠悠之往事任人闲说

诗中亦称颂了"边界之尼木"。

尼木作为边界的另一种意义体现在尼木县境北部的麻江乡，这里矗立着一座海拔7048米的雪山——琼穆岗嘎，它是念青唐古拉山脉西南边缘的最后一座高峰。历史上，麻江是和尼木平级的宗（县）级政区，民主改革以后并入尼木县。麻江的历史尚有诸多疑团等待探索，就边界意义而言，作为尼木县唯一的纯牧业乡，麻江的存在让尼木县在拉萨市下属县中显得特立独行——拉萨市全境以土地类型划分，分为高原牧区和河谷农区两类，牧区包括当雄县和尼木县麻江乡，其余均为农区。尼木因地跨农牧两地，天然具有农区和牧区的边界属性。相比于卫藏之间的政治边界，农牧区的边界具有更多的经济和商业意义。历史悠久的盐粮贸易曾经沿着尼木河在麻江至尼木之间频繁开展，日常的酥油、肉类以及日用品的交易延续至今。冬日的尼木县城街头，由政府划定了牧民专用的零散商户摊位，来自麻江乡的牧民正操着迥异的牧区方言兜售牛羊肉，提醒人们羌塘草原也正在参与尼木多元的地域文化。

崎岖路上的交通枢纽

单论地理形胜，尼木可以说是名副其实的西藏中心——东西沿雅鲁藏布江联结卫藏，南北两座高峰如楔子一般分别嵌入山南农区和羌塘草原，以区区一县之地汲取四方灵气，尼木的地缘优势甚至令拉萨和日喀则相形见拙。对此，尼木人颇为自负地流传着一个故事，说是松赞干布从山南迁居拉萨以

在吞巴乡吞普村怡果自然村（一组）东南面的山顶上，距离甘丹寺不远处，存留着甘丹宗遗址。这处建筑始建年代不详，约在准噶尔入侵西藏时被毁。"宗"是藏语城堡的意思，原指吐蕃王朝屯边部队的营地，吐蕃王朝瓦解后，地方贵族纷纷建起城堡自卫，形成一个个割据政权，这些割据政权的城堡被称为"宗寨"。 摄影 / 奥克朗

尼木的春夏季节，满眼皆是碧绿金黄的农田风景，高原大地上饱和的色块释放出勃勃生机。尽管平均海拔4000米左右，但在雅鲁藏布江和其他河流切割而成的河谷里，依然有土壤肥沃的农田。摄影／仲文

前，曾饶有兴致地来尼木考察，并萌发在此定都的念头，无奈尼木河谷虽有"油盆"美誉，较之拉萨则地域狭小，故而遗憾放弃。

与中心区位优势形成鲜明落差的是，尼木的交通自古即被视作畏途，当地有民谣为证：

通往尼木之路
如同地狱之门
东门箭弓相对
雄鹰无处飞翔
北门岩峰耸立

没有钥匙开启
西门尖如刀刃
苍蝇无处下落

民谣中的鲜活描述并无夸张之处，时至今日，沿雅鲁藏布江横贯东西的318国道，最险要的一段公路就在尼木峡谷段，当地人称"魔女之路"。放宽历史的视野，沿雅鲁藏布江的公路仅仅是最近30年间打通的交通路线，在绝大部分历史时期，"魔女之路"都是卫藏之间直线距离最短，却最难沟通的禁区。已故作家廖东凡先生，20世纪60年

尼木县麻江乡和续迈乡的霍德组以牧业为主，草场辽阔，村民们居住在海拔 4500 米左右的高原上，世代畜养牦牛、绵羊、山羊，将肉品和奶制品出售到农区，或者交换青稞。

摄影 / 李铭

代曾率拉萨市歌舞团从曲水赴尼木演出，在他的回忆文章中，多次重复一个场景——人"像山羊一样在栈道和石壁上爬行"。

不独陆路难行，水路亦为天堑。雅鲁藏布江在日喀则和山南段，因江面宽阔，自古即可行舟楫之便，唯独尼木峡谷，浊浪滔天，人神共畏。神通广大如莲花生者，也因躲避尼木峡谷在地图上留下了一条迂回路线，据《巴协》记载，莲花生大师进入吐蕃后，自阿里芒域乘舟沿水路东行，至尼木转陆路绕行，经尼木托嘎北行至今当雄、林周、墨竹工卡诸地，方才向南折回雅鲁藏布江流域。

20 世纪 90 年代，雅鲁藏布江漂流的勇士们在反复勘查后，也无奈放弃了尼木峡谷的漂流计划。

正所谓"失之东隅，收之桑榆"，尼木峡谷的长期封闭让卫藏之间的交通只能以迂回的方式进行，无形中大大延伸了卫藏之路在尼木境内的里程，使得尼木河和续曲两条河流流域的城镇与村庄，皆可以切实分享交通线带来的商业与信息便利，不至于沦为"过路财神"。当各地商人、诸教派僧侣、朝贡官员以及形形色色的差役，跨越千年，艰难行走于尼木境内的山山水水，我们很容

尼木县塔荣镇是国家级非物质文化遗产扩展名录白面具藏戏发源地。白面具藏戏是西藏古老的民间戏曲，也是整个藏族戏曲的母体剧种，流传十分广泛。它不像蓝面具藏戏以丰富的情节见长，而是表达对自然的敬畏，祝祷美好生活的来临。摄影／李铭易想象这会对一个地方的地域文化施加怎样深远的影响。尼木人之所以形成手工艺发达、重商、重教育等地域特质，与此不无相关。相似的案例我们还可以列举运河时代的淮安，以及青藏铁路通车以前的格尔木，这些城市的兴盛也恰恰是因为既有交通线路的"不那么通畅"。2014 年，拉日铁路建成通车，尼木站设在了距离县城 20 余千米的吞巴乡，过往旅客多有不便，舆论有所谓"迁县"之议，合理与否当然有待专家论证，但回顾历史经验，尼木似乎并不需要如此的急功近利。

作为地理中心有先天的区位优势、受限地形条件却无意中被延展了交通路线——这便是尼木作为交通枢纽的真正内涵。与前述边界的意义类似，如今尼木县境内那些不起眼的县道、乡道，在历史时期很有可能就是沟通卫藏的通衢大道。对尼木而言，有两条古道最为重要。

第一条古道的走向是：日喀则—大竹卡（或南木林镇）—邬郁—麻江—羊八井—德庆乡—堆龙德庆区—拉萨（或经当雄至青海）。

这条道路的历史非常悠久，元代开辟了从大都（今北京）到萨迦（今隶属于日喀则市）的驿道，其中从羊八井至日喀则的路线即与此重合，因此这条道路的意义不仅仅是沟通卫藏，还担负着连接后藏、羌塘和内地的重任。元代在乌思藏境内设置了 11 个大驿站，其中"官萨""甲哇""达"和"春堆"四个驿站，学术界通常认为其分别对应上述古道上的羊八井、麻江、大竹卡和日喀则。此路途经尼木县境的麻江乡，因此，麻

江实际上是一个沟通卫、藏和羌塘草原的三岔路口，我们在《六世班禅传》中找到一个叫作"麻江三岔口"的地名，令人惊奇的是，这个地名仍然在如今的麻江乡使用。麻江的边界属性和经济商业价值前文曾略有提及，而在历史上，麻江因其"三岔口"的地理位置格外重要。东嘎·洛桑赤列教授曾经别出心裁地将元代的"古尔摩万户"（元代乌思藏地方万户之一）定位于麻江，并认为驰名全藏的"古尔摩市场"也在麻江，该市场开市于 10 世纪，以此作为整个西藏市场度量衡的标准。东嘎教授并未说明定位于此的具体原因，关于这两处的位置，学界也有不同看法。

历史上行走此路最有名的旅行者大概就是六世班禅，1749 年，12 岁的六世班禅第一次前往拉萨，向七世达赖喇嘛学经，回程时即经由此路，传记中说他"夜宿雪古拉山口"，并在麻江接受了麻江头人和尼木诸寺院僧人的拜谒。1779 年，六世班禅进京为乾隆帝祝寿，这是清代内亚历史上具有重大意义的一次事件。六世班禅一行由麻江、羊八井一线进入青藏驿道；在北京圆寂后，护送灵柩的侍从们亦经由麻江原路返回日喀则。

这条古道直至 20 世纪 50 年代仍然作为中尼公路的一部分，承载着拉萨、日喀则、那曲三地之间繁忙的交通运输，一直到20 世纪 80 年代中尼公路改线尼木峡谷后，方才渐趋平静。如今，麻江段古道华丽转身为风行自驾圈的"拉北环线"的一部分，路旁巍峨耸立的琼穆岗嘎雪山即将作为景区开放，迎接千年古道的新行者。

第二条古道可以说是前者的简化版，其

走向为日喀则—大竹卡（或南木林镇）—邬郁—麻江—帕古乡—尼木县城—续迈乡—楚布拉埂山—楚布寺—堆龙德庆区—拉萨。

钦则旺布的《卫藏圣地志》中所载"从邬郁翻楚布拉埂山，即可到达堆龙的楚布（寺）"，即此路线。这条路在麻江即折向南，不必绕行羊八井，相比第一条路线距离较近，当遭遇突发事件时，行者通常选择此路。1791年，廓尔喀人进犯西藏，劫掠扎什伦布寺，七世班禅紧急避退拉萨，即由麻江转道楚布拉埂山，进入拉萨。

这条古道的价值不仅在于抄近路，更重要的是它将尼木县境内的几条交通干道并入了更大的网络体系中，拓展了尼木人的生存空间和可能性。该路线东西跨越尼木河，需要架设桥梁，因此，它又与西藏古代的造桥专家唐东杰布关联起来，据《唐东杰布传》记载，唐东杰布在拉萨河修建铁索桥后，朝后藏方向射了两支箭，其中一支射到了尼木，被当地的流浪艺人捡起送回，唐东杰布认为这是在尼木建桥的吉兆，于是在尼木河上修建了铁索桥。铁索桥位于尼木村附近，2000年前后尚保存完整，目前已全无踪影，一种说法是毁于泥石流，另一种说法是被文物贩子盗窃，无论如何都是令人遗憾的。《拉萨历史文化·尼木县》的编纂者甲日巴·洛桑朗杰先生，曾就此专门向人大提案，呼吁增强基层文物的登记与保护工作。

天南海北尼木人

学者在自己的家乡，

不如在外地更受尊敬；
珠宝到处被人珍视，
在海岛上算得了什么？
——《萨迦格言·观察学者品》

萨迦班智达的这段格言虽是就"学者"而言，用来形容尼木人也十分贴切。受惠于地理边界属性和遍布全境的交通网络，尼木人的性格里似乎天然具备一种不安分的外向型因素，纵然坐拥肥沃的"油盆"，出产"全藏最优质的糌粑"，但农耕并不足以安放尼木人的智慧。在尼木，学者、手艺人、生意人，诸此头衔才是千百年来尼木人理想的职业身份，这些身份有着一个共同的特点，就是流动性——僧侣学者们四处求学、建寺授徒；工匠们接受各地雇主的订单；生意人栉风沐雨，奔走商道——所谓"安土重迁""衣锦还乡"这样的字眼，并不适合尼木人。

"边界人"先天具备语言天赋，尼木诞生的诸多学者中，语言学家、翻译家是出现频率很高的词汇。吞弥·桑布扎，这位7世纪吐蕃时期的大臣，留学印度后，创制藏文字，奠定了西藏文明的基础，至今仍被学者们顶礼膜拜。吞弥·桑布扎的出生地，有一种说法即位于尼木县吞巴乡，2005年，尼木县政府在吞巴乡修建了吞弥·桑布扎纪念馆，如今已成为热门景点。8世纪，另一位大学者白若杂纳出生于尼木，8岁时，他离开故乡前往桑耶寺学佛，成为西藏历史上第一批出家的"七试人"之一。出于翻译经典的需要，白若杂纳被赤松德赞遣往印度深造，回到吐蕃后，白若杂纳凭借渊博的佛学知识、深厚的梵藏语言根基，翻译了一大

尼木县海拔高、空气稀薄，水汽、云量、尘埃杂质少，空气透明度高，太阳光通过大气层时能量损失少，加上纬度低，降雨少，日照时间长，光照充裕，太阳辐射强，是我国日照时数最长的地区之一。2017年，尼木县新能源光伏电站成功并网，它采用的太阳能是清洁、可再生的能源，既保护了当地的生态环境，又给当地带来了切实的经济利益。摄影／杨民批佛学典籍，成为众多译师中首屈一指的人物。白若杂纳的出生地位于尼木县塔荣镇巴古村，目前仅存一架经杆和一座香炉，每年从西藏各地以及青海、四川前来的朝圣者络绎不绝。

先贤们远赴他乡的求学热忱激励着一代又一代年轻人。在前现代的西藏社会，僧院教育几乎垄断了普通人的求学途径，这其中尤以格鲁派的僧院教育最为系统完善。一名普通的格鲁派僧人，经过数十年辗转各个寺院的勤学苦修，有可能成为格鲁派的最高教主——甘丹赤巴。所谓"只要男儿有本领，甘丹宝座无主人"，这是西藏传统社会为数不多的改变社会阶层的上升通道之一，其中第七十任甘丹赤巴阿旺群培即出生于今尼木县麻江乡。在尼木河与续曲汇流处，矗立着尼木县最大的格鲁派寺院杰吉寺。第司·桑杰加措（1653—1705，西藏政治家、学者）在《黄琉璃》"后藏"一章中，首先即列举了卫藏交界处这座寺院。民主改革以前，杰吉寺吸纳着来自尼木县以及相邻的仁布县、羊八井等地的僧人。据该寺管委会名誉副主任洛桑坚参介绍，历史上杰吉寺的修学体系有两大特色。一是鼓励僧人外出深造，自由选择的去处涵括卫藏格鲁派四大寺院。尤其在色拉寺，建有以该寺院命名的"嘉协康村"，作为尼木僧人在色拉寺的专属僧团单位。这座康村目前已不存，据称原由旅居拉萨的尼木工匠建造，嘉协寺的一些老僧人还能回忆起其建筑风貌；另一个特色是，学成后返回嘉协寺的僧人极少，这和藏地寺院的通常情况截然不同，历史上该寺的 500 名定额僧人中，通常住寺的只有 200 名，而另 300 名僧人在外出学经后一去不回。

与卫藏中心格鲁派一家独大的宗教格局不同，尼木的宗教派别呈现出百家争鸣的多元性，因此，当时间驶入 20 世纪，伴随着西藏社会现代性的萌发，宗教势力在尼木并未对世俗化进程造成太大的阻力，有抱负的年轻人不再将出家为僧视作追求知识的唯一途径。在民主改革以前，虽然西藏社会的世俗教育水平普遍落后，但尼木人对其极为重视和追求，因而走在整个西藏的前列。2017 年出版的《尼木县志》记载，尼木县有两所私塾学校；而据《西藏人文地理》杂志索穷先生的调查，1959 年之前，仅在尼木宗附近，即有七八所私塾，每所学校有学生 20 ～ 30 人，教授基础的藏文阅读和书法，无论贵族或者平民皆可入校。在培养乡土人才的同时，也为更高层次的人才选拔提供渠道。

尼木人开办的私塾学校甚至风行拉萨，如今位于拉萨市城关区东孜苏路 81 号的"娘容辖"大院，曾经是西藏近代史上最知名的私塾学校，其创建者即为尼木著名的民间教育家仁增·伦珠班觉。尼木浓郁的文化氛围继而引发西藏地方政府的垂青，民主改革前，西藏地方政府设有专门机构培养文书人才，该机构只从两个地方征招学童，一是山南桑日拉加里的艾地方，另一个就是尼木县。十三世达赖亲政以后，破除了重要政府官员只能由贵族出任的惯例，平民出身的尼木学童土登贡培借此平步青云，成为十三世达赖喇嘛执政后期的实权人物。土登贡培 20 世纪 30 年代流亡印度时参与创立了"西藏革命党"，这是一位出身平凡的尼木人对于西藏现代史做出的杰出贡献。

如果说宗教和知识的传播还带有精英属性，那么传统手工业的兴盛则让尼木人参与到一场关于技术流动和商业流动的全民盛宴。在尼木，家庭手工副业是一种相当普及的经济形态，雕版、造纸、抄经、印制经幡、制作藏香、建筑、木工等等，这些手艺活以家传的方式盛行于尼木，并随着工匠和商品的流动，流传全藏，为尼木博得"手工艺之乡"的美誉。为何尼木人都是能工巧匠？智慧基因或者宗教前定的解释显然没有说服力，《西藏人文地理》杂志索穷先生曾多次深入尼木采访手工艺人，他认为，尼木传统手工艺的兴盛并不能单纯从技术角度来解释，而是在尼木活跃的地域流动背景下，宗教、知识、技术与商业良性互动的产物，这与汉藏边界的热贡地区颇为类似。在藏族"大五明"和"小五明"的知识分类体系中，手工艺原本就占据一席之地，属于"大五明"里的"工巧明"，藏人的普遍观点，并不认为"大五明"与"小五明"有所谓的高下之分，所谓"大五明为宗教服务，小五明为社会服务"，这样的观点过于绝对。

尼木匠人对于西藏的贡献，除了以手工艺产品的实物形式呈现，更有无形的组织和精神价值。与外出学经的僧人建立地域性僧团类似，走出尼木的工匠们也在拉萨建立了各行各业工匠团体，名为"吉度"，意为"同甘共苦"。民主改革以前，拉萨的木工行会、印刷行会和石工行会，其会员大多是尼木人。了解欧洲中世纪历史的人，对于工匠组织形成"市民意识"的重要意义，一般不会陌生，也正因如此，一些学者往往以"欧洲经验"贬低西藏工匠组织的价值，认为历史时期的西藏行会基本受官府控制，不具备独立法人的资质。我以为这是一种历史性偏见，手工业行会的社会功能，其一是人的解放，其二是人的联合，这一点不仅在人身依附现象严重的旧西藏具有先进性，对于今天构建中国特色的公民社会，也不乏借鉴意义。

伴随手工业的兴盛，尼木的商业文化也较早发育。提及老派尼木人兢兢业业的商业精神，在今日信息化、虚拟化大行其道的商业网络中，似乎有些不合时宜。在拉萨，我不时遇见来自尼木的年轻商人，兜售家乡生产的经幡、藏香，对于自己奔波四方的艰辛，他们往往表现出一种宗教式的前定情结。对此，长居拉萨的索穷先生有更深体会，在这座被"慢节奏""幸福指数"等流行词汇笼罩的城市，每天最早起床的是卖"桑"（松柏枝叶）的尼木人，工作时间最长的是挨个茶馆兜售藏香的尼木人；每年的"萨嘎达瓦"（藏族传统节日）期间，哪怕各路买卖再红火，卖"桑"的尼木妇女依旧守着三四十元日收入的地摊，似乎在守着一份生意人的尊严。勤奋劳作、乐观自足、不倚不靠，这正是尼木人在世俗生活中奉行的精神，对于今日西藏，从尼木出发的意义也在于此。

尼木县"π"字形旅游景观路线

撰文 王砚 插画 兰跃峰

以雅鲁藏布江为主轴的"π"字形线路，将尼木县域最精彩的景观囊括其中。

这条嵌合在山水中的线路，从行政上几乎涵盖了尼木县全部乡镇。雅鲁藏布江以及 318 国道尼木段沿线，如"π"那一长横，将吞巴景区与卡如核桃村景区、尼木国家森林公园串联起来。从位于雅江谷地的卡如乡核桃村沿吉瓦路到麻江乡，这由南至北长长的一段路程，展现的是乌米现代农业产业园区、尼木县革命烈士陵园、帕古乡革命委员会遗址、麻江温泉、琼穆岗嘎雪山等景点，它犹如图中"π"字左侧一撇。而右侧一撇，勾连的是藏香文化产业园与续迈温泉。其中，吞巴景区、卡如景区、琼穆岗嘎雪山景区、乌米现代农业园区和丰富的地热资源被尼木人戏称为全域旅游的"四菜一汤"。

这三条线路的观赏性极强，不仅聚集了浓郁藏族传统风情的人文景观和壮观的雪域山川、湖泊、温泉等自然景观，而且，现代农业科技的新形态亦让人感受到高原上人们无穷的智慧与胆魄。

琼穆岗嘎雪峰

穿过尼木县麻江乡的辽阔草场，就能来到圣洁的琼穆岗嘎脚下。这座海拔 7048 米的雪山是尼木县的母亲河尼木玛曲的发源地，在它的周围还聚集着 30 多座海拔 6000 米以上的雪峰，这里孕育了念青唐古拉山脉西南端最具美学价值的冰川。

麻江温泉

麻江位于尼木县北部，在藏语中意为"纯酥油"。这里海拔 4500 米左右，草场丰美辽阔，牛羊成群，雪山在阳光下闪着银光。它的地热资源与相邻的羊八井系出一脉，热泉温度高达 62℃。飘雪时节，草原上升腾起缕缕热气，远方的晶莹雪山若隐若现，如同仙境。

帕古乡革命委员会

前身为旧西藏帕古庄园遗址，20 世纪 60 年代改造成尼木县帕古乡革命委员会办公地点。现已成为尼木县红色教育基地建设项目的一部分。

尼木国家森林公园

尼木国家森林公园涵盖了吞巴、普松、尼木、泽南 4 个景区，不仅拥有完整的自然生态系统，还保存着独特的民族文化遗产和人文景观。古柏、古核桃树、原始灌丛、万亩人工杨林……构成了丰富的森林资源，乳白湖、日措湿地更是黑颈鹤、斑头雁、赤麻鸭等高原珍稀鸟类的天堂。用于传统藏香原料研磨的水磨长廊、历史悠久的普松手工雕刻之乡皆在景区内。

乌米现代农业产业园

在距离尼木县城 8 千米的乌米现代农业产业园中，要数 20 栋日光温室大棚最为瞩目。其中育苗温室培育着 12 种在太空漫游过程即已出苗的农作物，包括彩色樱桃、番茄、圣女果等品种，它们重新生长在尼木的土地上时，均有不同的优异表现。尤其是在一片萧疏的冬季高原，大棚里呈现出的生机和色彩，令人赞叹。除了蔬菜，藏鸡养殖、菌菇栽培也是这个拉萨"菜篮子"基地的特色。

尼木县革命烈士陵园

修建于 1965 年的尼木县烈士陵园，位于县城西 1.5 千米处，2001 年被西藏自治区人民政府、拉萨市、拉萨市军分区授予"文物保护单位""爱国主义教育基地"。

核乡寻忆

卡如乡，地处拉萨至日喀则 318 国道旅游线的中段，地形是沿雅鲁藏布江的狭长谷地。卡如村中 18 棵千年核桃树见证着雅江中游气候、水文、地质、生态、社会的变迁和小村的人情悲欢。如今，以这 18 棵古老核桃树为主题打造的"核乡寻忆"民俗景区更加幽深迷人，它隔绝了 318 国道昼夜的喧哗，保留了村中清香的青稞酒、浓密的绿荫、闲适的茶室……变得更加宜居、宜业、宜游。

吞巴景区

景区所在地吞巴乡是西藏重要历史人物吞弥·桑布扎的故乡，在人们心目中，他不仅是藏文字的创制者，也研发了藏香技艺。景区内至今仍完整保存了吞弥·桑布扎故居、经堂、吞巴庄园等古建筑，同时也是最著名、最集中、最为完整的地区民族手工业集聚地。

续迈温泉

尼木县续迈乡安岗村的湿地面积为 1.19 平方千米，湿地生长着大片松草，也是盘羊、野兔、黄鸭、灰鸭、斑头雁等野生动物的乐园。这里位于那曲－尼木地热带，拥有丰富的地热资源。每到"沐浴节"，人们来到热气腾腾的溪流边，洗衣被、浇羊毛，自成一景。温泉富含多种微量元素，也有益于缓解关节、肌肉疼痛。

藏香文化产业园

在西藏，人们新的一天都始于点燃一根藏香。藏香在藏族百姓的生活里，有着举足轻重的地位。尼木县吞巴乡以手工制作藏香而闻名遐迩，素有"雪域第一藏香"美誉。雪水、山泉汇成的吞巴河常年奔腾，河边用来研磨藏香原料的 80 多座水磨日夜轮转，构成一条长达数千米的"水磨长廊"。独特的制作工艺、纯天然高品质的原材料，千年的制作技艺已成为当地重要的文化旅游项目，越来越多的人慕名而来，在藏香文化产业园了解藏香文化和千年技艺。

穆岗嘎

帕古乡革命委员会遗址
帕古乡

普松乡

乌米现代农业产业园区
尼木乡
尼木县

尼木县革命烈士陵园

续迈温泉
续迈乡

核乡寻忆
卡如乡

吞巴景区
吞巴乡

藏香文化产业园

雅　鲁　藏　布　江

雪域
森系景观漫游记

撰文　摄影
王砚　樊觅韵 等

摄影／杨民

在尼木，

路，

像所有高原上的路一样，

沉默而又变化万端地

周旋于山和水的动静间。

雅鲁藏布江经历了狂暴夏季之后，江水已然变得沉静，江面闪烁着只有秋天才有的碧玉般的光影。两岸高耸的大山依旧冷峻夹峙，任它奔流在深深的峡谷中。道路则迁就着山形水势，曲折向前。这是著名的318国道，论长度，国道中无出其右者（起点为上海市黄浦区人民广场，终点为日喀则市聂拉木县中尼友谊桥，全程5476千米，横跨八个省份）。它自东向西，一路揽括平原、丘陵、盆地、山地、高原，被誉为"中国人的景观大道"。当它穿过拉萨继续往西，至尼木县，便在雅鲁藏布江北岸迂回，高原特有的大地构造地貌此时展露无遗。湛蓝天空下，念青唐古拉山的每一道褶皱里仍飞扬着数百万年前的尘沙，疾风中落满襟发。这种细微与庞大的自然之美，由遥远时空的地壳巨变造就，它们无远弗届的过去和未来，不在任何人的经验之中。

当我们沿着尼木玛曲、吞巴曲等大小河流往县域腹地纵深，沿途风景变得更为迷人，雪山、草地、戈壁、灌丛……共同呈现出更加细致的自然肌理。

有时候，走着走着，路会突然被尘沙覆没一小段，你只需耐心等着，不多远，树木重新又像列兵似地出现在灰白的水泥路两旁。很明显，相比湿润的河岸，任何树木想要扎根在路旁都需要付出更多的气力。但在那些河流冲积而成的广阔河谷上，则是另一番风光，这里不仅生长着大片的青稞地，数人合抱的古树亦错落有致，树冠投下巨大的阴影，甚至能将整块田地荫庇其中，让夏日来此过林卡的人们享受到无限清凉。在吞达村，大约有500株树龄500年以上的古杨树，最大的一株，胸径竟然达到1.5米。秋天漫步林间，黄叶在脚底沙沙作响，耳畔萦绕着溪涧流水淙淙和几声清脆鸟啼，一时浑然不觉这里是海拔3800多米的高原，而我们正置身于一座离拉萨最近的国家森林公园之中。

尼木国家森林公园十分广阔，6000余公顷的面积涵盖吞巴、卡如、普松、尼木四乡，四个景区连缀而成一片羽毛的舒展形态，覆在雅鲁藏布江北岸三条不同的支流沟谷（吞巴曲、尼木玛曲、泽南曲）中。这里属于典型的高原河谷地貌，自然景观以高原雄浑的山系为骨架，壮丽的森林、河流遍布其中，宏观视野十分辽阔。在普松和尼木两地向北眺望，甚至能望见一座终年覆雪的清秀雪山——琼穆岗嘎雪山，亦是念青唐古拉山脉南端最后一座高峰。

四个景区地势高差较大，如果从吞巴曲汇入雅鲁藏布江的河口处（海拔3700 米），往泽南景区的最西端（海拔 5200 米）行走，相当于爬了一座1300 米的"中山"（在地质学中，海拔 1000 ～ 3500 米的山称为中山），而这一带也恰恰是森林公园植被构成最为丰富的地带。

　　三刺草、喜马拉雅草沙蚕、白草为主的喜温的亚高山草原群落和以西藏狼牙刺、小角柱花等组成的落叶灌丛，占据了河谷底部、盆地和山坡；上升几百米后，坡地上便成了亚高山灌丛和草原植物群落的乐园。

　　泽南景区海拔 4000 ～ 4100 米的阳坡和半阳坡上还分布着常绿针叶林——大果圆柏残林，残存百余株。大果圆柏又叫西藏圆柏，它高大挺拔，自有一番豪迈气概，且在寒冷的环境里也能慢慢茁壮成林，是我国特有树种。

　　海拔 4000 米之上，处处可见香柏、杜鹃、高山柳、鬼箭锦鸡儿、金露梅等组成的高山灌丛。越往上，群落渐少，至 5000 米，高山草甸便开始逐渐占据优势。

　　众多的野生动物栖居在公园内。泽南景区的高地上，牧民们常被冬季下山觅食的棕熊惊吓到，只能远远地避开；岩羊和野驴相对温和许多，有时候，它们混杂在牦牛、羊群里一块儿吃草，形成奇特的高原风景。最为常见的是各种鸟类，尤其是水禽，普松景区和尼木景区的乳白湖和日措湿地等处可见黄鸭、赤麻鸭、斑头雁等，每年 10 月中旬至 11 月，黑颈鹤成群飞来越冬，聚集在沼泽中，以水草嫩茎、水藻为食，也吃昆虫、小鱼。它们是世界上唯一在高原生长、繁殖的鹤，颈间和翼尖上的黑色羽毛是它们最为明显的标志。

　　尼木国家森林公园同样也是尼木人的乐土和家园。虽然这里看上去冷酷的高山峡谷，干旱有时也会袭扰农田，但人们仍然依照四季之序春种秋收，认真雕刻经文、研磨藏香……将生活打理得像一株青稞那样饱满。他们把自己和身边的生灵万物都放进同一个自然体系中，彼此观照，理解善待，这本身就是一个真诚而诗意的过程。

58岁的护林员普巡在吞达村已经工作30多年了，39岁的宗吉从十几岁开始也加入了巡山护林的队伍。他们几乎每一周都要"转"好几座山。普巡苍黑的脸满是紫外线留下的印迹，他眯缝着眼，掰着手指头，细数那些大山的名字："……加米、羌则雄、白姑拉，还有一个最大的，就叫大头山。"他们清早出发，背上一袋子煮熟的土豆、糌粑、青稞酒，便朝一座山慢慢走去，直到星辰挂满山头才回家。一年走破六七双鞋，几十年就这样走下来了，而山永远在那里，时间嘛，有的是。

20世纪60年代，山上的树林里还藏着老虎、羚羊、鹿，它们听见人的动静就远远跑开。后来，动物们眼见着稀少了。近年来，当地政府开始实行极为严格的野生动物保护措施，同时也禁止乱砍滥伐，普巡和宗吉的巡山工作也变得更为细致，除了日常的草场防火、防偷猎之外，他们还会留意是否有死亡的牲畜，防止传染病。让他俩高兴的是，"现在山上的小鹿特别多"。

树也渐渐多了起来。吞巴乡的村民们原本就特别爱种树，平均每人一年要种30棵树，村里到处可见高大的杨树、柳树，上千年的核桃树、柏树亦有不少。普巡算了一下，现在村里树木的数量已经比20世纪70年代时翻了3倍。宗吉嫁来吞巴时，亲手种了一棵甜桃树，此后20余年间，年年开花结果，"果子多到吃不完"。偶尔，村里的基建项目动工，迫不得已挖掉一些树，这是他俩最难过的时候，"挖出来的树再也活不成了，只能当柴烧。很心疼……"

在"国家森林公园"的风景资源概念中，除了地文、水文、生物、天象资源外，人文资源亦是其中重要的一项。吞巴景区位于县境南部东端的吞巴乡，这里出产青稞、小麦、大豆、豌豆、油菜、苹果等，物产丰富，传统藏香的制作工艺更是声名远播，成为当地重要的经济产业之一。

藏香制作中，原材料的研磨极具特色。吞巴河边有260座水磨，水磨由水车、曲轴木杵、研磨槽组成。人们从吞巴河开渠引水推动水车，水车带动曲轴木杵捣烂柏木，制成柏木泥砖。一座座水磨沿河岸排开，形成了富有民间传统劳作风情的景观。

吞巴乡吞达村的古杨林蔚为壮观。500多株杨树、柳树分布在吞达村的周边，以吞巴河西岸和吞弥·桑布扎故居附近最为密集。这些大树平均树龄都在500年以上，高达5～7米，每逢夏季，浓荫匝地，一片清凉，林间鸟鸣啁啾。人们闲暇之余，便带着帐篷、青稞酒、美食，和亲朋好友一起唱歌跳舞，闲话家常，直至暮色降临。这种郊游方式，在西藏谓之"过林卡"。

尼木国家森林公园的泽南景区位于卡如乡泽南村范围内。它以大面积的天然亚高山灌丛为特征，具有典型的地带性。尤其珍贵的是，在泽南村一组还分布有大果圆柏残林，具有极高的科研价值。

泽南景区地势较高，在泽南村四组两侧的山坡上，海拔5000米以上的山地发育了石海、石河等冻土地貌类型。坚硬而富有节理的基岩在冻融及冻裂的作用下，裂解为巨大的块石角砾，在原地形成石海。而在有一定坡度的斜坡上，巨大角砾沿坡下移形成石河。

整个青藏高原区的植物种类十分丰富，据粗略估计高等种子植物可达1万种左右。植物种类的分布，在不同地方也有着显著的区域差异。比如，尼木县所属的高原东南部属森林植物区系，数量众多的木本植物组成各种类型的森林，杜鹃属的现代分布中心也在这里。每年4—6月间，高山上到处盛开着红、紫、白、黄的花朵，山花烂漫，自成旖旎世界。

供图/图虫创意

供图/Wikipedia

供图/Wikipedia

供图/图虫创意

在尼木景区西侧，由四条大冲沟沟口洪积扇组成的洪积扇群极为醒目，仿佛四只巨大的贝壳镶嵌在大地上。上万亩的人工杨林便生长在洪积扇的中部和下部。1994年"一江两河"中部流域综合开发项目启动，大量种植人工林属于其中一项重要工程。这些杨树在高原成林后能保持水土，又能涵养水源，对当地农田（村庄）和湖泊、湿地起到保护和屏障的作用。

日措湿地对尼木景区的生态环境有着重要的调节功能。夏天，湖水如一块精致的绿宝石落在金黄的油菜花田和碧绿的青稞地之中，湖边树木翁郁，星星点点的野花点缀林间，人们在树下清凉处摊开毡毹席地而坐，惬意过林卡；到了冬季，这里又成了鸟的天堂，来此过冬的黄鸭、赤麻鸭、黑颈鹤……各种珍禽游弋在湖中，是绝佳的观鸟胜地。

帕古乡位于尼木县北部，山高水远，交通并不便利，乡民天性纯良，从不轻易捕杀野生动物，这里因而成了动物们的乐园。今年70岁的朗杰曾经是帕古乡彭岗村四组的村书记兼村委会主任，也是最早的一批护林员之一。他已经记不清自己在那些远远近近的山头往返了多少次，有时是去放牧，有时是为了解决村乡之间的分界问题，但多半时间都在巡查偷猎。

他去的最远的地方是与羊八井交界的群培囊（藏语中，囊是"里面"的意思），整整步行了一天。一路上，岩羊、盘羊不时从眼前蹦跳着一闪而过，狐狸、狼藏在草木深处，只露出一双眼睛，冷静地注视着他。黄昏时，他看到一种珍贵的小动物——麝，正摇晃着黄白毛色相间的尾部，低头觅食。这是一只喜马拉雅麝。他没有料到，这种可爱的小动物后来竟成为偷猎者最为垂涎的猎捕对象，只为了获取雄麝体内的麝香。

2008年某天，朗杰一早就发现三个陌生人出现在村里，还骑着摩托车上山去了。他警觉起来。果不其然，彭岗村湿地的护林员发现他们在偷猎，于是托组长捎口信回村，让大家拦截。最终，大家逮住了三个慌慌张张的偷猎者，他们的袋子里装着11只麝，1头花豹，还有偷猎的工具：钢丝套。他们沿着动物们的脚印，一路设套，有时连牦牛也会被套住。人赃俱获，三人后来都被判了重刑。如今，保护野生动物的理念早已深入人心，无人敢以身试法，麝又慢慢多了起来，"彭岗至少有一万头左右！"朗杰伸出一根手指晃了晃。

护林员嘎玛朗达是个细心人，每次出门巡护时，那只随身背包里除了糌粑、青稞酒、雨衣，还有他自己花了三百多块钱买的一只望远镜。他喜欢动物，望远镜不仅可以及时发现山火，有时还能让他津津有味地观看一群羚羊的生活。近年来，偷猎的人少了，但还是有人上山挖白杜鹃用来"煨桑"，为了保护珍贵植物，防止水土流失，嘎玛朗达需要宣讲政策并监督，保证每户人家一个月内只能采集一小袋。

普松乡巡湖员扎西加措的家在乳白湖边的如白村，他的日常工作就是每天认认真真地绕湖走上一圈，长年风吹日晒，60岁的他看上去比实际年龄显得苍老。以他七八年的巡护经验得知，乳白湖变小了一点，以前走一圈要50分钟，现在只需要半个小时。"也许是雨水少了吧！"他指指天空。

每年四月是他绕湖而行次数最多的时候，因为黄鸭已经孵出了小鸭。母鸭们在附近大山的峭壁上生蛋，等小鸭孵出来后，黄鸭妈妈就会带着还不会飞的孩子们从山上蹒跚走到湖边，教它们各种生存技能。对它们而言，这是一段危险的旅途，盘旋在天空的秃鹫会冷不丁俯冲下来，闪电般叼走一只小鸭。扎西加措此时就化身为黄鸭的保护神，他会一路尾随它们，遇到猛禽袭击，便挥舞双臂，大叫着驱赶。

他喜爱这些可爱的鸟儿，喜爱这面少有波澜的湖水。等到冬天，万物萧瑟而静穆，他会看看藏历，挑一个吉祥的日子，换上干净衣服，念着六字真言去转湖。这将是他独自与湖相见的一天。

供图 / 图虫创意

地

摄影/李珩

海拔 7048 米的琼穆岗嘎雪山，是念青唐古拉山脉西南端的最高峰，也是尼木县的母亲河尼木玛曲的发源地。在它周围还聚集着 30 多座海拔 6000 米以上的雪峰，共同孕育了念青唐古拉山脉最边缘的雪山冰川景观。它不仅是拉萨、日喀则、那曲三个地区的交会点，也是尼木玛曲、香曲和纳木错 3 个水系流域的交会山，而尼木玛曲又是雅鲁藏布江的一条重要支流。

在藏语中，位于尼木县麻江乡以北的琼穆岗嘎意为"有学问的仙女"，它如著名的冈仁波齐一般，拥有完美的锥形山体，气度非凡，站在 S304 的公路边，就能将它端详得十分清楚。两条巨大的冰川从主峰逶迤而下，直抵雪线附近，尖锐的角峰和线条利落的刃脊挺立在主峰两侧，充满威严凛冽之感。这是拉萨地区离公路最近的雪山圣地，晴好的天气里，站在尼木国家森林公园的普松和尼木景区也能远眺到这座洁白的山峰。

神秘而低调的琼穆岗嘎，在登山者的心目中，是一座真正难以亲近的冰山，其攀登难度甚至超过了海拔 8027 米的希夏邦马峰。在最适合攀登的夏季，这座雪山展露的恰恰是多变而复杂的性情：冰雹、雷暴、闪电、骤雨……伴随着雪崩和滚石，令人生畏。在当地的民间传说中，琼穆岗嘎共有 12 个姐妹，数她最为调皮任性。可是一旦收敛了坏脾气，她又会变成气质温婉的女神，雪色与湖光相映照，宛若仙境一般。

地

道

风

物

聚集在河谷中的村庄，散落在高山上的村庄，千百年来默默躬耕稼穑，放牧牛羊。河流创造出肥沃的土地、清澈的歌谣和祖先的历史，雪山则凝固了不变的信仰。每一年都在延伸的路，把这片土地的梦想带到了远方，村庄亦在新时代重新找到自己的生存之道。

高原河谷中的丰美之地

藏地风烟凝于笔墨

村庄四重奏，山川湖泊相与和

高原河谷中的丰美之地

撰文
王砚

夏季，雅鲁藏布江流经的所有河谷地带迎来了一年中最为迷人的季节。放眼望去，江畔谷底一亩亩青稞苗泛着油亮绿意，盛开的金黄油菜花如同大片凝固的阳光，覆盖在大地上，乍看之下，与平原地区的田园风光别无二致。

这一年一季的丰盛正是来自于高原奇特的地理禀赋。

从地图上看，平行于喜马拉雅山脉的雅鲁藏布江在最东端的南迦巴瓦峰转向南流，硬生生地将山脉撕开了一个大口子，奔流而出。大河两侧多是高达 7000 米以上的峭拔山峰，从山顶到谷底落差可达 5000 米，形成了世界上最深的大峡谷。这个深深的"缺口"便成了西南季风的通道。每年 6—9 月，夏季风（西南季风）沿着雅鲁藏布江谷地，把来自印度洋的丰沛水汽输送到青藏高原内部，且不断向西推进，为两岸耕地提供水源，造就了荒寒高原上难得的山岭绿洲。

这一带地势平坦且开阔，雪山融水形成的大小河沟肆意漫流，河漫滩和河流阶地构成了主要地貌。肥沃的土壤，密布的耕地，加上近乎完美的光照、温度、湿度，使得雅鲁藏布江河谷地带自古农业发达，成为西藏的"大粮仓"。

如同一枚楔子一般联结拉萨和日喀则的尼木县，也是雅江江畔许多粮仓中的小小一座。

它的小，名副其实，全县耕地 2800 多公顷，仅为邻近的林周县的十分之一。然而，吐蕃松赞干布时期，小小的尼木即被称为"木夏格雪巴"，是藏语中"油盆"之意，这是祖祖辈辈的尼木人在弹丸之地上垦荒、耕种才换来的美誉。人们提到它的名字，会自然而然地想起只生长在那片土地上的白青稞，用它磨成的白糌粑，细腻清香，是当年仅供贵族们享用的贡品。而尼木人总结而成的"精耕细作法"不仅是祖传的经验，还被推广到各地成了藏人们的耕作典范。

当新的时代来临，尼木的田地仍然被精心呵护着，地里的庄稼还多了新的品类，北京平谷大桃、樱桃、航天西红柿、藜麦等原来在内地都时鲜珍贵的果蔬成为这里的新宠，设施农业、现代农业赋予了这块古老土地新的生机，牛羊依旧啃着青草，牦牛短期育肥、种草养畜、牛羊品种改良等现代技术在这里推广，草场也有了新的变化。

精耕细作的传统

青藏高原的夏天总是饱满而短暂，当望果节的鼓乐声渐息，地里的青稞被隆重收进各家粮仓，秋天就悄然降临了。然而农人还闲不下来。

在乡道一侧的山坡上，普松乡如白村的格桑旺堆正赶着两头犏牛翻地，六岁的小儿子一刻不离地紧跟在他身后。他的这块地小得可怜，仅在土坡上延伸出三分左右，两头犏牛各戴一朵红绒花，套在同一只牛轭上，不断地缓慢前进、转身、前进……狭小的土地上留下了深深的蹄印。格桑旺堆比照它们身上的花纹，给它们都取了名字，一个叫卡巴，一个叫堂嘎那，藏语中就是"白脸庞"和"白后腿"的意思。在尼木县，尽管微耕机如今已普遍使用，但"二牛抬杠"的场景仍不鲜见，典籍也曾经记录这个生动场景，"斯时，钻木为孔作轭犁，合二牛轭开荒原……"（据《西藏王臣记》《西藏王统记》等藏文古籍记载）这大约是在公元一世纪的西藏雅隆部落第九代藏王布德贡杰时期。

尼木县所在的雅鲁藏布江河谷地带水源充足，地形平缓，是青藏高原自然条件最好、农业经济最发达的地区，早在曲贡文化（因拉萨市北郊曲贡村附近的曲贡遗址而得名，其经济以农业为主，农作物为青稞，距今约3700—3750年）时期，人们便开始种植青稞。不过尼木县却并非"平坦"之地，境内的山地面积占了97%以上，农田基本集中在东南部由尼木玛曲、续曲等河流冲积而出的开阔地。现今的耕地面积与20世纪80年代末相差无几，但随着人口不断增长，人均耕地反而更少了。地与物的匮乏自古就困扰着尼木人，如何向有限的耕地索取更多的回馈，便成了他们不断精研的农事课题。

通常，他们会将土地按照肥瘠、旱湿、含沙量大小而分为上、中、下三等，不同等级的土地在灌溉、播种、犁耕等方面有很大的差别。比如，上等地混种，以青稞为主；中下等地青稞、豌豆、小麦和油菜混种；下下等地大部分离水源较远，仅适宜小麦等作物生长。但是早在吐蕃时期，农业灌溉及导引山泉技术的萌芽已出现，藏族人民积累了一套丰富的引水灌溉经验。清代嘉庆时期的驻藏大臣松筠视察地方时如此描述："巴谷羊肠路，灵山左右泉，深陂沿麓作，引灌陌阡田，转上岖湾径，旁邻不测渊。"可见水渠在河谷地区的分布十分密集，通过这种方式，人们将高山上的水沿着山麓，引入田间。

我们来到尼木时正值秋天，高原上，阳光炽烈，云朵薄而洁白。收割过的土地已经被细细地耕耘了一遍，露出肥沃的底色。牛羊此时被允许进入，低头仔细翻寻着地里的草根和漏掉的青稞穗。田间，一条明澈的小溪欢快流淌，又顺着沟渠流进了更多的田地。几个藏族妇女挽起裙角和衣袖，用水盆舀起溪水，一遍遍仔细淘洗青稞和油菜籽，将收获时混入的浮尘和草屑撇去。如今，尼木的农田水利沟渠每一年都在延展。比如，长约11千米的曲林灌渠和长约9.5千米的续迈灌渠工程竣工后，续迈乡的村民成了最大的受益人。此前，这里原有的微型水库既要满足周边几个村的农田灌溉用水，还要为续迈乡居民提供生活饮用水，遇上干旱，农田灌

青藏地区的河谷地带是河谷农业的主要分布区。由于地势较山地低，气温较高，河水可作灌溉水源，河谷之间的森林使得土壤腐殖质丰富，肥力充足，极为适宜耕作。青藏高原南部的雅鲁藏布江中游谷地，平均海拔3500米左右，河谷两侧山地的高处多为牧场，中部是森林，谷底和河口则是肥沃的农田，是极为富庶的农业区。尼木县正位于雅江河谷，由此积淀了丰富的农耕经验。摄影/仲文

青稞的另一个名字叫裸大麦。在青藏高原3000米以上的农区，青稞是主要的粮食作物，而在海拔4000米以上的山地，它是唯一的粮食作物。耐寒、耐旱、耐碱、耐瘠薄、早熟是青稞的特性。在尼木的许多村庄里，至今仍保留着青稞开犁播种和开镰收割时的庄重仪式。供图/视觉中国溉引水就成了问题。新的灌渠修好后，渠道密封起来，人们省去了每年清淤的工作，渠水也流得更通畅了。尼木县水利局一边修缮那些渗水严重、老化的旧渠，一边建设更加牢固的新渠。他们引进了一种新型的镀锌钢槽，不仅能够轻松搬上陡峭的山岭，还能解决过去铺设在沼泽地带的混凝土干渠经常发生的"冻胀"问题。各乡各村的水渠就这样连缀而成，如果从高空俯瞰，一定能看到一张覆盖在尼木山冈和谷地上的闪亮大网。

像所有河谷地带的农人们那样，尼木人也遵循着严密的农业生产时令。家家户户必备的一本藏历，就是他们的最佳指导手册。其中不仅有历法、星相，还有大量的谚语、动植物和人们耕作场景的图画，人们通过它记住重要的节日，了解物候与气象变化，许多农牧民家里的藏历常常被翻得起了毛边。藏历在节气与季节划分上，根据高原气候形成了独特的六季划分法，即：春、后春、夏、秋、冬、后冬。因为西藏地区冬季最长，春季次之，秋季再次之，夏季最短；部分高寒地区甚至无夏季，春、秋季连接在一起。由于同样的原因，源于汉族农历中的二十四节气，在藏历中适用的只是春分、秋分、冬至、夏至四个反映季节变化的节气。人们除了严格遵照节令安排生产，还可以根据藏历中的"耕地图"来挑一个适宜耕种的吉日。比如，在一幅一人推着犁铧犁地的图中，犁尖、靠近犁尖的木桩、犁的主体部分等都各写有几组数字。如果当日的值日星宿恰逢铁铧、手握木柄上的数字时，寓意当年收成不好，表示农作物会遇到虫害等，便要考虑避开这一天；如果遇到靠近铁铧木桩和犁主体部分

的数字时，则寓意着当年的收成非常好，可以欣然下地干活。

尼木县极少有纯农业为生的藏族家庭，半农半牧是常态。家家户户都养着奶牛、犏牛、山羊、绵羊，因为牛奶是生活中最重要的食物——酥油的来源，牛羊粪便则是最佳的农田有机肥料，特别是羊粪，肥效极佳。有时遇到肥料短缺，农民们还会特意去牧区花钱购买。人们也乐意种植豌豆，这种喜凉作物柔嫩的茎叶不仅可以当作牲畜的优质饲草，它们特有的根瘤还有固氮的功能，在种植青稞之前先种一轮豌豆，就相当于给土壤自动施肥了。

传统的尼木耕作有一套讲究做法，西藏大多数地区是先灌水，后播种，尼木则是先播种，后灌水，谓之"干播法"。他们先将种子播撒到已经翻好的地里，再用木耙子在这个大地块里耙出一个个 1 平方米左右的小畦，垒出 15 厘米高、20 厘米宽的畦埂，从高处看，田地变得"立体"了，小畦一个连一个，如蜂巢般整齐。然后再开始逐畦灌水，直到这块地灌完为止。这种做法最大的好处就是可以充分利用有限的土地，人们在畦埂上也种上庄稼，增加了有效株数。灌水时，畦埂使水尽量保持慢流细灌，防止把种子冲得不均匀，又能起到保肥的作用。

五色青稞的家园

说到青藏高原上的粮食作物，青稞会最先浮现眼前，大概是因其极度耐寒的特性才让它与地球"第三极"紧紧关联。3500 年前，

这种禾本科大麦属作物就被藏人广泛种植，由于其籽没有外壳，又被叫作"裸麦""米大麦"。在西藏，青稞品种资源很丰富，不同颜色、不同形状的品种多达十几个，尼木的青稞也有好几种颜色，其中白青稞最为人称道。尼木县民谣有："我们的青稞白得很，虽然没有'普乃干木'那么白，但也是青稞的一种。"

民谣中被当作标杆的"普乃干木"意为生长在尼木县普巴村的白青稞。过去，尼木白青稞专门用来加工成专供西藏上层官员和僧侣享用的优质糌粑，是远近闻名的上等贡品。它的籽粒白而皮薄，有光泽，磨出的糌粑细腻清香，用于酿酒也能发挥出香气高扬的优点。收割后，它的秸秆要比其他品种的青稞秸秆脆，作饲料喂给牲口，适口性好，同样也很受欢迎。由于产量低，普巴村民都十分珍爱，很少卖掉。不过，由于种植历史悠久，白青稞也会出现老化、退化、产量和纯度降低、品质变差等问题。为了让白青稞"提纯复壮"，人们采用了一种简单而有效的"片选法"：在一大片长势良好的青稞田里进行初选，把病株、残株拔去，只留下饱满健康的植株，全部脱粒后用作良种。还有一种"穗选法"，更为精细。当白青稞成熟即将收割时，选取一万株生长整齐划一、抗病性能好的麦穗，脱粒后留种，等到来年专种一亩。经过如此两年的反复选择和扩繁种植，就会形成较大规模的原种圃，将白青稞的优良性状稳定保持下去。

续迈乡的河谷风貌在尼木县格外鲜明。续曲两岸皆是极为宽广平整的农田，一直延伸到高山脚下。农田间往往生长着需好几人方能合抱的大树，三五即成林，浓密的树冠形成一片可观的清凉地，远远望去，充满田园的无限生机和静穆之美。想不到的是，即使在海拔 4620 米的续迈乡色龙组亦能见到同样优美的田园风光。

这里只有 35 户人家，聚居在扎多山下。扎多山并不峻峭，山形线条柔和如南方山丘，只有山脚的草场和农田才显现出藏地风味。丹增格列的家就在一大块青稞地旁，屋前是一个羊圈，一株古老的杏花树斜在羊圈前，春来时，满树雪白杏花盛放，让色龙更有了"香格里拉"的色彩。丹增格列一家有 25 亩地，和邻居们世代种植一种蓝青稞，这种青稞成熟后并非普通青稞的灰白色，而是青绿泛蓝，籽实也要比普通青稞重一点。当地人曾经试种过别的青稞，但都无法适应高海拔的寒冷、缺氧环境，只有这蓝青稞生长得欣欣向荣。当地人每年三月底先用自家的牛羊粪做基肥，铺洒在地里，然后播种，种子半个月后开始发芽。入夏时，地里杂草疯长，丹增格列的妻子和母亲便担负起锄草的重任，每天拿着专用小锄"锅玛"下地锄草。在尼木，人们几乎不使用化学药剂来消灭杂草，锄草工作多由家庭女性来完成。尽管长时间弯腰非常劳累，但藏族妇女几乎都拥有与生俱来的坚韧与细致，在高原强烈阳光的直射下，她们安静地半蹲在田间，清理掉一棵棵杂草，兜进腰间那块彩色羊毛围裙，再起身走到田埂边倒掉。在青稞漫长的生长期内，繁重的锄草工作要重复好几次。

续迈乡色龙的黑青稞、吞巴乡根比的紫青稞，都生长在高海拔区域，皆有特殊习性，

↑ "二牛抬杠"是一种延续了至少三千年的古老耕作方式，即一犁杠置于牛肩，杠中间又系一竖杠与犁连接。耕地时，一人牵牛，一人扶铧犁地，一人撒种，或者不用人牵牛。耕完地后用木槌碎土。尽管小型农耕机械已在尼木普及，但田间地头仍会偶尔见到这种传统耕作技艺。摄影 / 樊觅韵

↓ 在长冬无夏、春秋相连的高原，尼木人世代种植青稞，将它视为最珍贵的粮食。青稞的价格甚至可作为其他粮食价格的基础和参照，这在青藏高原是由来已久的传统。供图 / 尼木县委宣传部

收获的季节，尼木的大地呈现出多彩景象。金黄的青稞地是主色调，五彩的藜麦夹杂其中，空气中飘浮着谷物成熟时特有的甜美气息。这也是人们最为忙碌的季节，丰收的喜悦往往使人忘记了劳累。摄影／晋美多吉

原本生长在南美高原上的藜麦自从引进到尼木后，这里便成了它的第二故乡。强烈的阳光，纯净的雪山水源，使得藜麦长势喜人，它的市场价格远高于青稞，农民因而获得了丰厚的回报。供图／尼木县委宣传部

不可多得，也无法大面积推广种植。最受尼木人喜爱的青稞，要数"喜玛拉22号"，尼木县海拔4100米之下的450多公顷农田都种植了这个品种。它的籽粒饱满，微黄，茎秆有韧性，特别抗倒伏，曾在尼木县的农作物区域实验基地被悉心培育过，如今已经在西藏全城推广种植。

尼木县因其地势高拔，生态环境独特，在拉萨周边区县中比较突出，因而特别适宜观测农作物新品种的生长特性。农技员久米在实验基地一人负责9亩地，精心培育15个青稞品种、10个油菜品种和4个小麦品种。他像一个普通农民那样，每年春种秋收，灌溉施肥，锄草脱粒……唯一不同的是，他每天都必须记录下所有作物的生长情况，比如青稞何时分蘖、孕穗、拔节，成熟后数清麦穗颗粒，描述颜色、大小，并细心称重。两年后，这些数据将被提交到西藏自治区农牧厅农业技术推广中心，由专家负责新品种的审定和推广。"西藏绝大部分的青稞品种，

在尼木县政府和农牧局的大力推广
下，多种小型农用机械交到了农民手
里，人们学会了使用微耕机、播种机、
割草机……大大提高了工作效率，
把自己从繁重的劳动中解放出来。
供图 / 尼木县委宣传部

我们这里都种植过，观测过。"久米说。

　　尽管现代农业理念已经涓滴渗透，但是在历史最悠久的人类栖居地之一的青藏高原，播种、收获、节庆、水磨加工糌粑……所有过程仍完整留存。其中，可追溯到唐代文成公主时期的水磨坊，就是这古老农业图景的符号象征。尼木玛曲、续曲、赤朗沟……尼木县每一条奔流的河水旁都点缀着大大小小的水磨作坊。人们修筑引水渠，将水流从高处引下，经木石结构的小水闸分流后导入

木槽，并冲击木桨涡轮的叶片，带动巨大的石碾逆时针旋转。虽然电力钢磨已经足够证明其高效、快速，可人们还是固执地相信，只有在缓慢的水流和粗糙的石磨合力下，糌粑才能具备更为细腻、香甜的口感。在东嘎村的夏曲河水磨坊里，屋外渠水激荡的声响和屋内磨盘沉重的嘎吱声奇妙地交织在一起。两个藏族小伙子正往漏斗状的喂料袋里填青稞，须眉都被青稞粉染白了，手不停，眼睛还不时观察着石磨的转速。他们是磨坊

主请来的雇工，按照当地的惯例，报酬是用一只小桶来计算的——替本村乡亲磨糌粑50千克收取一小桶糌粑，1.5～2千克，别村村民则是2桶。只要河水不断，水磨不停，这朴素的规矩大概也会一直沿袭下去。

高原上的藜麦与果蔬

尼木的秋季，大地如同油画调色盘。金黄的青稞是主色调，高大的藜麦则贡献了更斑斓的色彩：赤红、紫红、橘红、深褐、纯白、紫黑……连当地人也对这种五光十色的庄稼赞叹不已。藜麦原本是南美洲土著居民的传统粮食，有着青稞一样的特性，生长在海拔4000米左右的高山上，也能忍耐低温和空气稀薄的自然环境。它被联合国粮农组织认为是唯一一种单体植物，即可基本满足人体基本营养需求的食物，尽管引进中国已有20余年，但一直处于研发阶段。

2016年，尼木第一次大规模种植、推广这种原生于南美洲安第斯山区的谷类作物。令人惊喜的是，尼木的高海拔、昼夜温差大、日照强烈、水源纯净等环境特点，特别适宜藜麦的生长。原拉萨市农业科学研究所所长毛浓文是最早将藜麦引进到尼木县，并带领大家掌握种植技术的专家。据他介绍，根据县域海拔高低，藜麦的播种时间也有所不同，3600～3800米的农田适宜于4月10日开播，而3800～3950米的地方则在4月中旬开播。当藜麦出苗后至抽穗期间，间苗、除草、培土的一系列工作十分重要，其中除草尤其不可偷懒，直接关系到藜麦的产量和质量。当收获季节到来，用手掐一掐籽粒，如果70%以上变得十分坚硬，叶片开始枯萎，那就说明已经到了成熟收割的时候了。经过两年多的实践，从最初种植的60亩，到如今的6000亩，藜麦已经深深植根于尼木，一亩地能收获150～200千克，且市场收购价远高于青稞，这也是它备受农民喜爱的重要原因。

尼木土地资源少，庄稼都是见缝插针般地种，各家的青稞也多是自给自足。单纯依靠原有的种植模式，无法增产致富，必须对产业结构进行优化，发展特色产业经济。2016年，北京的援藏干部来到尼木，开始了三年的援藏生涯。平谷是全国有名的大桃之乡，能否把平谷大桃也种到尼木呢？他们调阅了尼木地区近十年的气象资料，发现尼木的常年气温与平谷相似，昼夜温差大，而且尼木的山谷里也生长着许多野山桃，这让他们对这片土地的潜力产生了信心。很快，北京市平谷区果品办的技术人员来到尼木进行了考察，提供了技术支持的相关方案，一个10000平方米的智能温室也搭建在了318国道旁的卡如乡政府附近。在这个温室大棚里，自动化控制系统可以自动调节土壤温度、湿度、光照强度、水流量等参数，为植物创造最佳生长环境。在平谷，人们把美玉、早玉、瑞光35号、瑞蟠、水蜜桃、早九、中九、春蜜……1万株各个品种的桃树苗装上大货车，花了三天时间长途跋涉抵达尼木，种植在自动化温室大棚内外。卡如乡的农业技术员边学边干，在他们的呵护下，树苗也在顽强地适应高原环境。种植在大棚内的桃树十分茁壮，与内地种植的相差

西藏的青稞品种繁多，颜色多样。尼木县自古以"白青稞"而著名，图中的蓝青稞、黑青稞因为生长于高海拔地带，产量较少，因而更为珍贵。
摄影 / 李稔

↑ 航天育种也称为空间技术育种或太空育种，通过微重力、辐射、真空、太阳能等处理，使作物品种在外观、品质、花色等方面发生变异，再通过选育有利的变异，培育出优良品种。尼木县高原种植业航天育种及产业化推广建设项目园区，如今正在培育一批经过航天育种的西红柿、南瓜、西瓜、甜果等果蔬苗。摄影/李铭

↓ 尼木县从北京平谷引进1万株桃苗，在卡如乡加纳日农牧民绿色专业合作社，村民们在技术员的指导下，精心培育，桃苗的成活率接近90%。摄影/晋美多吉

不远，为防止长得过高，还要给它们掐尖打顶。但室外种植的桃树要接受许多生存挑战，比如，强烈的紫外线对它们的初生嫩芽伤害较大，如果萌芽期安全度过，那么便能开启自我调节模式。冬天又是一个考验期，需要给树干缠上无纺布保温，还得拉上防风网，每隔一周或十天喷洒一次防冻液。平谷的两龄桃树平均直径5厘米，树高2.5米左右，而卡如乡的两龄桃树明显要矮小一些，然而它们能够扎根于这高寒雪域，本身已是奇迹。这片人工桃园，为当地村民带来了实实在在的惠利。2018年，早玉、瑞光35号、瑞蟠、水蜜桃、早九等品种已经坐果，一个大桃重量在120至180克之间，香甜可口。算下来，一亩桃树每年亩产250千克，每亩利润1.5万元，而以前种青稞、白菜，每亩利润仅七八百元。村民平时受雇为桃林进行培管工作也有工资，加上自家地里的产出，一个四口之家一年约有3万元的收入。

如今，从卡如乡的赤朗村到尼木乡的乌米组正在逐渐形成一条以果品、蔬菜等特色产品为主的沟域经济产业带。

乌米组海拔4200米，荒凉陡峭的高山上已经架设管道引来了水源，修好了蓄水池。山下，乌米现代农业产业园的温室大棚一个接一个，有机基质槽一条接一条，排列有序，构成大地上的别样风景。大棚里更是一片生机盎然，一畦畦菠菜、萝卜、白菜正等待收取，迷你西红柿的枝蔓攀得老高，绿叶间藏着多彩的果实。产业园区的智能温室、日光温室面积达5000余平方米，主要栽植经由航天育种选优选出的辣椒、西红柿、西葫芦、茄子、黄瓜、南瓜、西瓜、甜瓜、树莓9个品种，

当地专门请来经验丰富的山东寿光县、拉萨曲水县的专家指导大棚种植，经过一年多的试种以及优胜劣汰后，第一批果蔬上市销售额就达到13万元。为了调动藏族农民的积极性，尼木县采用了农业联合体经营的方式，成立尼木净土公司，从当地的贫困户中挑选有能力的人，以"传帮带"的方式把他们培养成技术骨干。2019年运营以来，种植果蔬预计实现经济收益40多万元，已兑现98户建档立卡贫困群众劳务分红12.62万元，最高分红达1.27万元。

据产业园区负责人介绍，尼木县现有129个大棚分散在各乡镇，但其中部分塑料大棚需要升级改造成投资少、效益高的阳光温棚，让更多人掌握蔬菜种植技术，形成品牌，这对于尼木县未来的特色产业格局具有更重要的意义。

牧场，不再随水草而迁徙

尼木县的北部，高山、连绵的草场和悠闲吃草的成群牛羊组合成一派迷人的牧区风光。

麻江乡是尼木唯一的牧业乡，所辖三个村中的朗堆村就在琼穆岗嘎雪山脚下。牧民们的平顶小屋零星散落在草原上，远远望去，干牛粪燃烧的青烟从屋顶升腾而起，又迅速被凛冽的寒风吹散。村民们家家畜养着数百头牦牛和绵羊、山羊，传统方式是一年中转场两次，带上帐篷和家当，在水草丰美的夏牧场和冬牧场之间迁移。最远的草场与羊八井、当雄相接，路途遥远而艰难，路上遭遇

突如其来的风雪、大雨或者牛羊生病等情况甚是常见。如今，这种传统的游牧方式已经逐渐被半定居放牧所取代，人们骑着摩托车、开着皮卡呼啸奔驰管理牛羊，变成了另一番潇洒场景。

续迈乡唯一的牧业村霍德村的草场不及朗堆村广阔，他们采取的是联合放牧的方式。几户人家各出一个壮年男子，骑摩托车带上糌粑、砖茶、肉干，赶着牛羊，浩浩荡荡而去。夏天直奔"雄曲"（藏语意即顺流的水），冬天则去稍远一点的雪山，霍德村56岁的村书记普斯指着窗外的高山说："就是那儿，翻过去就是曲水县的地方了。"采取联合放牧后，剩余的劳动力也没有闲下来，县里、乡里、村里把他们组织起来参加各种技能培训，并组织他们或外出务工，或参加各种合作社，增加了家庭收入。近几年来，通过实施一系列脱贫帮扶机制，尼木县已于2018年顺利脱贫，摘掉了贫困县的帽子。

到了放牧点后，男人们开始利索地收拾营地，20分钟就能搭好一个可供三人休憩的帐篷，接下来的一个月，这就是一个遮风挡雨的临时的家。放牧生活里，捡牛粪是一项重要的工作，取暖、煮茶都少不了牛粪。入夜，人们围坐在温暖的牛粪火堆旁，喝着青稞酒，听着帐篷外的风声，度过漫漫长夜。帐篷外，牦牛们席地而眠，宛如一堆堆沉静的岩石。

冬晨，天空的疏星还未隐退，朗堆村笼罩在淡淡的雾霭中，顿珠多吉家的炊烟已经袅袅升起，女儿白玛次仁挽起袖子，用木棍搅动着炉子上一桶热气腾腾的糌粑，为小牛们准备早餐。她的丈夫曲扎提着两只空桶，打算去牛圈挤牛奶。牛圈里，母牛哞哞呼唤着小牛，不肯好好挤奶，还一脚踢翻了奶桶。一只不到一岁的小牛挣脱了束缚，朝曲扎欢快地奔来，亲昵地舔着他的手，曲扎也爱怜地摸了摸它的小脑门。清冷的晨光与繁霜中，牧民们忙碌的一天就这样开始了。再过两个月，一年一度的宰牲节就要来到，曲扎环视了一圈自家牦牛，六七岁的牛儿个个膘肥体壮，他又有点舍不得。尼木本地的牦牛个头偏小，一天5千克草就能喂饱，最近几年引进的亚东牦牛个头很大，得吃7.5千克草，宰杀后净肉有200千克左右。霍德村村书记普斯是养牛大户，他养了200多头牛，每年宰牲节后，家里两间储藏室都挂满了牛羊肉，"光是过年那十天，我们家就要吃掉十几腿羊肉呢！"

除了肉制品，牛毛、羊毛也是牧民所珍视的宝贝，人们生活中使用的毯、氆氇、卡垫、围裙（邦典）、藏被、服装、驮具、藏包、藏靴……全离不开牛羊毛，连半大孩子都知道牦牛、绵羊身上各个部位的毛的用途。女人们的手一刻不得闲，不是忙活田间灶头的事，就是在不停地捻羊毛。每年六七月，就是专门给牛羊剪毛的季节，一只绵羊大约能出0.5千克羊毛，胸部以下的毛短而硬，只能用来做坐垫、盖毯；背部的毛则柔软细密，是编织衣物最好的原料。牦牛珍贵的牛绒长在肩胛处，只能用手一把把薅下来，颇费人力，卖价也相对较高。它们胸部以下的长毛通常被人们用来编织结实的帐篷、绳索。过去，牧民们的游牧黑帐篷都是用牦牛毛编织的。牛毛纤维粗长、厚实，隔潮

麻江乡是尼木县唯一的纯牧业乡，随着牧民们不断升级牛羊养殖规模，天然牧场开始"超载"。人们于是另辟土地，种植优质牧草，如燕麦、紫花苜蓿、箭舌豌豆。图为麻江牧民在人工草场收割成熟的牧草，作为冬、春季家畜的饲料。摄影/李稳

尼木县麻江乡在藏语中意为"纯酥油"，世代居住在此的人们以放牧为生，这里的草场总面积达128.5万亩，每一处草场都遍布着牛羊的足迹。摄影／李铭

性能好，不容易沤烂发霉，织成毛线织片后，纤维交织拧结，雨水落在上面，无法渗透。黑帐篷能挡雨雪风霜，也挡烈日照晒，防蛀防腐，加之牛毛柔韧，容易拆迁驮运，是家家不可或缺的重要物品。放牧方式发生变化后，尼木的牧区已经很少见到黑帐篷了，只有织机仍在。当家里需要编织大量"卡垫"（藏族地毯）、氆氇，人手忙不过来时，牧民们会特意请来农区的织匠上门协同工作。农区的家庭饲养奶牛、山羊、绵羊，编织技艺同样十分精湛。至于薪酬，全随主客心意，有时，牧区特有的肉制品、肥料代替金钱会令农人们更加开心。

牧场生灵的守护者

比牧民更关心、更了解牲畜的，大概只有兽医了。

霍德的兽医觉阿在我身旁坐下来，一股浓烈的猪圈里的复杂气味马上袭来。他刚给生猪养殖合作社的猪仔打完防疫针，连脚上的橡胶套鞋也没脱，上面沾满了污迹。但他黑红的脸膛上全是满不在乎的神气，"我干这个都 29 年了。"他用不纯正的汉语说。他从 15 岁就成了父亲的帮手，跟着父亲骑马问诊，到每家牲口圈里喂药打针，有时路太远就只能借宿在别人家中。牲口圈的脏乱于他而言都不算什么，被暴烈的牛踢伤、被羊顶翻在地更是常事，他伸出手指给我看他刚刚被猪仔咬过的新伤口，还没来得及包扎。"哪个兽医没被咬过、踢过啊，小心一点就好了，像我给牛看病，就一定会穿一双厚靴

子，被那个大家伙踩到了脚，淤青好几天都消不了。"他认真地总结道。

兽医出诊，不管刮风下雪，都随叫随到，一刻也不敢耽误。牧区地广人稀，有时牛羊转场到更加荒僻的地方，打电话或是托人带信请他们看病，往往还没赶到目的地，那一路的崎岖坎坷就先让他们吃尽了苦头。2018 年 1 月的某天晚上，麻江乡的兽医嘎玛德庆接到出诊电话，说是一户转场牧民家的牦牛发生了牛出败，情况比较糟糕。牧场所在地几乎快到与那曲交界的班戈县，从嘎玛德庆所在的强聂村一组开车需要一小时，然后步行到达。那天下着茫茫大雪，野地里黑得伸手不见五指，嘎玛德庆和助手扛着八九十斤的药品器械，打着手电，硬是走了一个小时才见到牧民帐篷里的灯火。

觉阿的老师江才从 1964 年开始给牛羊看病，大概是尼木最早一批从事兽医工作的人，虽然退休了，但依然丢不下老行当，只要接到求助电话，他一定会骑上电动车亲自出诊。他说，年轻时出诊的条件更为艰辛，许多时候只能骑马，最远到过海拔 5000 米左右的麻江乡的亚米组，那一回，天寒地冻，大雪满山，深达 70 多厘米，连马也走得气喘吁吁。高山牧区的牛羊遇到这种极端恶劣天气容易发生冻伤，牦牛御寒的长毛被粘连在雪地上，一走动就会被大片扯掉，裸露出皮肤，简单的办法就是在冻伤的皮肤上抹上凡士林。低海拔牧区的牲口则容易发生牛出败、羔羊痢疾、口蹄疫等，需要兽医上门打防疫针。有些牧民为传统观念所囿，对打疫苗很抵触，认为打了针后"鸡也不会下蛋了，牛也不耕地了，奶牛也不产奶了"，甚至会

↑ 尼木县卡如乡赤朗村四组是一个高山
牧业组，几户村民居住在海拔4000
余米的高山上。由于气候环境恶劣，
缺乏教育和医疗保障，在当地政府的
帮助下，村民们将全体搬迁至县城居
住。搬迁前，他们在山顶的老屋前合
影留念。摄影／樊觅韵

↓ 琼穆岗嘎雪山脚下的朗堆村，曲扎和
妻子白玛次仁一早就来到牛圈里忙
碌，挤奶、喂食、清扫圈舍……这里
海拔近5000米，牛羊肉质好，除了
自家取用，毛、皮、肉制品还能供应
县城需要，牧民的日子越来越红火。
摄影／樊觅韵

藏鸡是分布于我国青藏高原数量最多、范围最广的高原地方鸡种。尼木县是西藏原种藏鸡的自然栖息地之一，在历史记载中，一直有饲养藏鸡的传统。经过多方调研论证，尼木藏鸡产业应运而生，北京德青源科研工作站正式进驻尼木。经过两年的品种培育，尼木藏鸡从每年原产蛋 50 至 80 枚提升到 160 枚。供图 / 尼木县委宣传部拿棍子赶走兽医，因此兽医只能一次次上门做工作。有一次牛群里出现了牛出败，这是一种由巴氏杆菌引起的，以败血症和组织器官的出血性炎症为特征的传染病，病牛常出现头颈、咽喉和胸部的炎性水肿。有一户人家一下就有七头牛病死，幸亏尼木县政府、农牧局挨家挨户上门打疫苗、分发药品，这才控制住疫情。经过这件事后，那些最固执的藏民也改变了想法。

觉阿一想起自己生平做的第一个小手术，就不由自主露出了开心的笑容。那是一匹七八岁的马，腿上长了一个肿瘤，走路一瘸一拐，不能干活，马的主人很是心疼。觉阿用手术刀小心翼翼地割除了这个肿瘤。当时鲜血一下子喷射开来，他慌忙用大量纱布压住止血，后来连纱布都不够用了，情急之下只好拿哈达包扎。后来血总算止住了，觉

阿又给它输了液。过了好久，他还不时挂念那匹马，直到有一天出诊时，无意中路过那户人家，看到那匹马已经完全康复，一颗心这才放下。

人们自然也发自内心地感激他们，牧区的人有时会慷慨地送一只羊，农区的人则赠送自家做的酥油或糌粑。江才从业这么多年，从不肯接受任何馈赠，看完病，叮嘱几句就走了。有一次，他到第二家出诊时，打开药箱，发现里面塞了三四百元钱，才知道是上一家人临走时趁他不注意偷偷塞进来的。他没多想，干完活后，又循原路送了回去。

像绝大多数藏族人民一样，乡村兽医同样爱惜牛马，爱惜一切生灵，而且更多一道职责——卫护它们健康活泼的生命，正因他们的勤勉，尼木的牧场才得以平安兴盛。

藏地风烟凝于笔墨

撰文
索朗旺青

圣人立字

许多民族都拥有圣人，而圣人的形象通常都由其多重身份重叠而成。人们常常给予圣人不同的标签来彰显其非凡的能力，文化的传承在圣人的庇护下得以延续，并呈现个性化的特点。吞弥·桑布扎的形象亦是如此。这位生活在一千三百多年前的藏文字母的创立者（对此还存在争议）以及藏文字在一定程度上就是喜马拉雅地区文明史的缩影。

佛教所带来的知识氛围在一定程度上重塑了西藏地区的知识结构，以至于在谈论吞弥·桑布扎时，我们不能忽略他作为最早译经师的身份；而在传统语境中，他的智慧时刻也必须有佛法的在场。有这样一个画面：远处是五座文殊圣山，与之相配的是苍穹之中的佛陀。画面中的圣人吞弥穿着传统意义上的吐蕃王朝时期的贵族装束。

接下来，我们将看到一系列构成他形象的主要元素，而这些元素毫无意外都与他作为文字创立者这一核心身份有关，如他和他的学生在书写时使用的工具：首先是作为书写物质载体的纸张，也就是藏纸。藏纸一般是由瑞香科植物狼毒草的根部纤维经过多道工序制作完成。这种纸张保持米黄色或者灰白色，不易虫蛀，经久耐用。到了 11 世纪，一种类型独特，专门用来书写佛教典籍的纸张开始盛行。这种纸张因其长期浸泡在青蓝色的矿物质溶液中而能够呈现出墨蓝色，故被称为"蓝纸"。根据古文献记载，蓝纸虽然在吐蕃时期就开始使用，但一直到 11 世纪之后才开始与金、银粉末调制的墨水一起使用来书写佛经。

西藏地区最常见的墨汁是利用锅底的烟絮和牛胶一起研磨，并加水而成（除此之外也会使用煮沸酪浆而形成的酪胶，或者是灌木烧成的烟絮）。佛教文本专用的墨汁要求更高，除了烟絮和牛胶之外，还要求加入水和少量的冰糖。这种墨汁不仅色彩亮泽，而且书写流畅，遇水不浸。值得一提的是，汉地的墨汁一直受到西藏知识分子的喜爱，在十一二世纪的诸多经文题记中，对于汉地墨汁多有赞颂。

看到圣人身后的竹林了吗？藏文的书写用笔一般都会使用西藏东南部生产的竹笔，竹笔的材料要求极其严格，要求使用质地坚

尽管藏文起源迄今仍虚实难辨，但吞弥·桑布扎仍以藏文字母创制者的形象存在于部分典籍和藏人心中。传说中，这位生活在 1300 多年前的藏族学者既睿智又勇敢，他接受了松赞干布的任务，前往天竺学习，克服重重障碍，终于学成而归。后世将其列于古代吐蕃"七大贤人"之一。
供图 /Wikipedia

（政令体本质上是对于早期行书的再改造）。

既然有了智慧加持，工具也都齐备，那就要请圣人开始书写了。只见圣人缓缓写下了"嗡嘛呢叭咪吽"六字真言。在通常的历史叙事中，六字真言被作为他创作的第一个藏文样本，呈献给法王松赞干布。而在座台前后的桌子上也放置着大量梵夹装（西藏吐蕃时期古藏文书籍的主要装帧形式，将纸张书写或雕印的经文效仿贝叶经，用木板相夹，而后以绳索、布带捆扎）的藏文写本（吞弥·桑布扎学成回国后曾撰写八部文法书，现存两部为《三十颂》和《性入法》，及其作为最早的译经师翻译的佛教典籍）。至此，由书写者、书写工具和书写文字所共同创造的属于圣人的神圣空间形成了。

我们还可以看到在圣人的座位上出现了两个金色的圆盘，上面刻着藏文字母中最后一个字母 Aa，这个字母也被认为是整个字母系统的精华所在，代表一切声音的开始。左边是古典乌金字体（传统意义上的楷书）的 Aa，右边是乌梅字体（传统意义上的行书）的 Aa。核心的字母、最初的发音和基础的字体在具有藏传佛教寓意的圆盘中映现出来，共享神圣空间。

光荣的家族

谈论圣人及其与家族和地方的共生关系，一直是西藏贵族"祖先神话"的重要组成部分，吞弥·桑布扎的吞巴家族也不例外。

传统西藏贵族一般被官方分为四个阶层：亚谿、第本、弥查和格尔巴，其中亚谿

韧的细竹管，既容易削制，又易折断。在文献记载中，还有桦树树枝笔、柳树树枝笔、铁笔和毛笔（需要注意的是，使用毛笔来书写的藏文文本只存在于像敦煌这类藏汉共居区域）。藏笔的笔尖分为左斜、右斜和平口三种。其中，左斜用于书写楷书体，右斜用于书写行书体，而平口被用于书写政令体

家族因属于历代达赖喇嘛的本家而备受尊崇。除去这一具有特殊时代意义的家族群体，第本家族便成为一般贵族中最受尊敬的贵族家族，这一类家族的数量极少［根据一份甘丹颇章政权（1642—1959）时期的贵族名册，第本家族只有四个］，他们通常在某个地方具有强大的权势，而且这种权势具有深远的历史传承。吞弥·桑布扎所在的吞巴家族就是其中之一。

通过对于后世藏文文献和古藏文资料的研究得知，"吞"这个姓氏很早就在吐蕃政坛大放光彩。在吞弥·桑布扎之前就有多位家族成员身居高位，列居宰辅。到了松赞干布时期，吞弥·桑布扎不仅位列主事四大臣之一，还参与了吐蕃时期多个重要政治和文化事件，其中就包括文字创立、翻译佛经和确立法条。然而关于吞弥·桑布扎出生地的激烈争议导致我们不得不重新审视这一家族的发展过程。

对于吞弥的出生地在学界有两种主要的说法：第一种认为其出生在今拉萨市尼木县的吞达村；另一种观点认为他出生在山南的"年"地区，这个地方大致在山南的隆子县境内。出现这样的争议，很大程度上是因为藏文文献记载的差异性。联系吐蕃王朝的发展史，我们基本可以做出这样的推断：早期吐蕃大族的本家一般都在吐蕃王室的发源地山南附近；随着七世纪松赞干布时期帝国中心的转移，许多家族在自身发展中不断出现分支，并向逻些（今拉萨）方向扩散。通过对 12 世纪之后的藏文文献，特别是对《吞弥氏族宝串明镜》这一类家族史史料和《贤者喜宴》这类通史文献的研读，我们基本

上可以区分出吞弥·桑布扎家族不同的发展脉络。

山南"年"地区的吞弥家族（吞弥·桑布扎真正可能的出生地）后来逐渐发展为在 15 ～ 17 世纪叱咤西藏地区的雅嘉巴家族，这一家族在 17 世纪中叶的政治斗争中开始衰落并逐渐退出历史舞台。而吞弥家族的另一个分支，即落户尼木的吞巴家族从 15 世纪开始逐渐走向繁荣，其间，家族出现了众多政治人物和文化精英（如，16 世纪初的吞巴·克尊云丹嘉措，凭借其极深的知识修养和佛学造诣，成为格鲁派拉萨地区三大寺之一哲蚌寺的第九任法台）。随着甘丹颇章政权的建立，家族内部连续出现多位政府高官。七世达赖喇嘛着手建立噶厦政府后，在四位政府最高官员"噶伦"的任命中就有来自吞巴家族的色觉次旦。

至此，吞巴家族在 18 世纪俨然成为西藏地方政府中极具政治势力和地方声名的贵族家庭，曾作为宗喀巴住宅的"拉章宁巴"甚至成了其家族在拉萨的府邸。不仅如此，吞巴家族在尼木县吞达村还留有巨大的贵族庄园遗址。根据 1830 年编纂的西藏地方政府的《铁虎清册》记载，吞巴家族占据了整个尼木宗（西藏传统的行政单位，类似于县）三分之一的土地。经过多年的经营，吞巴家族俨然已经成为吞弥·桑布扎家族遗产与地位的唯一继承人。这一系列的历史发展使我们现在对于吞弥及其家族的记忆主要就停留在尼木的吞巴家族。

藏文的历史之悠久，在我国仅次于汉文。它是一种拼音文字，由辅音字母、元音字母和标点符号组成。它对保存和继承藏民族的古代文化起着不可估量的作用，历代的藏族学者们用藏文写下了浩如烟海的各种典籍，但如今除了敦煌遗存的藏文写卷及部分碑刻木牍之外，几乎荡然无存。但藏文仍保持着蓬勃的生命力，以优雅端庄的字体继续记录着高原生活的点滴与传奇。摄影／李稔

虚实之间的造字史

"吞弥造字"这一历史事件在后世的藏文文献中存在一套较为一致但不完整的说辞，这套说辞中的一些关键点成为后世有关藏文创字史的争论核心，其中包括诸如是否存在吞弥·桑布扎这个人，吞弥·桑布扎是否创立了藏文，是否存在吞弥·桑布扎建立的文法体系，吐蕃时期的藏文所参考的蓝本是什么等诸多问题。

为什么需要造字？敦煌文献的理由是："此前吐蕃没有文字"（吐蕃没有文字是否等同于整个西藏地区没有文字，值得进一步讨论），而后世文献中有两个理由一直被强调：首先在吐蕃兴起时，需要一个符合自身发展的书写体系，以此来改革国家制度（文献中几乎都会举赞普为吐蕃没有自己的文字而烦恼的典故）；其次，长期接受西部文化（以象雄—苯教文化为代表）影响的南部地区（即吐蕃王朝的发源地区）需要更多元的文化环境来丰富自身，当然后者主要是考虑佛教文化的传播（之后的三次"文字厘定"几乎都与佛教翻译事业相关）。基于这样的考虑，松赞干布决定派遣贵族子弟前往南亚地区，这一古典语言学高度发达的地方学习。

大臣吞弥阿努的儿子吞弥·桑布扎接受命令，带着君王所赐予的"一匹马，一头骡子，十六两黄金和一百个金铃铛"前往天竺学习。几乎所有的史书都会突出吞弥的个人信念，之前松赞干布派去的十六名青年都没能完成任务，或才智不足，或水土不服，又或突遇不测，只有吞弥坚持了下来。

在天竺，吞弥受业于大学者天智狮子和婆罗门利敬（对于这两个老师有些文献或只提其中一个，或两个都有列出），刻苦钻研文字学、声明学和佛学，并学成而归。回到吐蕃后，吞弥·桑布扎利用其在南亚学习到的各种文字和声明学知识开始创立文字。在松赞干布为其建造的古卡玛如宫（位于今拉萨色拉寺附近），吞弥·桑布扎取梵文辅音23个，元音5个（其中元音Aa作为最后的"精华"辅音处理），并增加符合藏语语音的6个辅音（这六个辅音为tsa，tsha，dza，zha，za，-a）共30个辅音和4个元音，确定了现今我们所见的藏文字母。为了更好地规范藏文和藏语，吞弥·桑布扎还写有八部文法书（《贤者喜宴》中被称为《声明论八部》），并翻译了大量佛经。之后赞普（唐代吐蕃君长的称谓，后用于西藏诸王的尊称）向其学习文法四年，尊其为师，予以厚禄；后世也将吞弥·桑布扎列于古代吐蕃"七大贤人"之一，甚至称其为"无可比拟者"。

那么，吞弥·桑布扎创立了藏文吗？中古吐蕃著名修行者比若杂那的传记中曾记叙"吞弥·桑布扎改造藏文"，而苯教徒和研究象雄的学者也给出否定的答案。敦煌繁杂的文献记载告诉我们，松赞干布之前已存在文字使用的历史，而这种文字可能就是吐蕃之前的喜马拉雅文化中心象雄地区的象雄文（不夸张地说，象雄地区长期对南部吐蕃地区进行文化输出，并派出大量学者讲学并担任国师）。吞弥所做的，极可能是按照雅砻的语音，并参照象雄文和印度文字改进并衍生了吐蕃藏文；其中象雄旧体文中的"玛钦"

成为藏文的楷体。大部分学者依旧相信藏文主要脱胎于印度文字，但是他们也有自己的疑惑：藏文和印度文字之间的联系到底是怎样的？

二十世纪三四十年代，西藏伟大的学者根敦群培结合实地考察的结果分析认为：藏文字母来源于中印度，具体而言就是笈多文。其中藏文的楷体最先出现，来源于笈多文；而行书则是在楷体快速书写的过程中形成的。我们利用这一推论结合其他持印度说学者的结论，大致认为存在这样一条可能的文字谱系：首先是通行于公元前六世纪到公元三世纪的婆罗米文字，而婆罗米文字是作为南亚文字系统的祖源而存在的；到了公元五世纪，随着笈多王朝的不断发展，作为婆罗米文字书写系统的笈多文，或者叫笈多婆罗米文出现。随着语言的地区性和阶层性特征对于笈多文的不断渗透，到了公元六世纪，出现了大量脱胎于笈多文的书写系统，其中就有城体（最常见的梵文书写系统"天城体"的来源）、夏拉达体和悉昙体。其中悉昙体最有可能是藏文字母的来源，当然也可以概括为笈多体系的影响（不排除使用蓝本的丰富度，毕竟在史书中吞弥熟悉多种文字）。

除去单纯字形层面的探究，我们不妨从语音角度看看，毕竟文字的核心目的在于记录和保存"声音"。学者发现如果对一部分字母发音（例如 ba 和 va）做出对比分析，会发现吞弥的语法和古藏文有较大差异。由此我们也不得不承认：要么吞弥只是改革了文字，使其更加符合雅砻地区的语音；要么吞弥创造了文字，但是没有写语法，或者很长一段时间其语法并没有流行，现有语法属托古之作。

完整的藏文文字史除去我们之前谈论的关键事件，自然也要谈谈它在完全固定之前的变化过程。首先是藏文及其文法的自然发展时期，或许我们可以说这是一个没有太多约束的时期；之后，随着"三次厘定"，佛教的译文规则和社会层面的习惯用法（比如大量的金石铭文和敦煌写卷）同时存在；到了后弘期，一个较为完整的书写规则形成了。在这三个阶段中，对后世藏文书写规则影响最为深远的，就是第二阶段的"三次厘定"。

想象这样一个画面：译师们盘腿而坐，其中一人高声朗读经文，一人将其翻译成藏文，最后由几位年长的僧侣共同订正疑问；随后，修订无误的经文由一位年轻的僧人写在卷册上。后世对于"三次厘定"的描述便是如此。第一次厘定发生在八世纪中叶到九世纪，第二次发生在吐蕃赞普赤热巴巾时期（九世纪初），而第三次则发生在十一世纪到十三世纪时期。其中由赞普亲自参与主持的第二次厘定对后世影响最大，目前通行的藏文基本上保留了第二次厘定之后的面貌。三次厘定的内容一般分为三个部分：首先字母体系被修正了，如取消了反写的元音字母；其次对正字法进行修订，如取消了大部分后加字 -a；最后是对词汇进行了修订，将古词换为更符合社会语境和佛教译经的"新词"。通过"三次厘定"后，藏文统一了词汇，简化了规则。"三次厘定"推动了藏文的发展，为其成为"超方言和超文化"的文字做好了铺垫。

藏文源与流

设计／李川

本土说

公元前

公元前十世纪或更早

● 象雄文
所知蕃域高原最古老的一种文字字形。

公元

700年

印度说

公元前

公元前六—公元三世纪

五世纪左右

● 笈多文
起源于印度笈多王朝，用来书写梵语。

● 婆罗米文
古印度书写系统之一，堪称印度最古老的文字。

公元

700年

600—1200年

● 悉昙文
笈多王朝时使用的笈多字母改良后形成的文字。

◇ 藏文（南语）
关于藏文的起源有印度说与本土说两种。藏文指的是藏族使用的藏语文。尽管方言不同，读音各异，但藏文仍然是统一的，书面语通用于整个藏族地区。

1269年

● 八思巴文
元朝国师八思巴（萨迦派僧人，"萨迦五祖"之一）所创制，属拼音文字，共有41个字母（脱胎于古藏文字母）。

十八世纪

● 绒巴文
绒巴文由藏文发展而来，使用者多为绒巴族，这一民族原为藏族的一部分，现今主要分布在锡金。

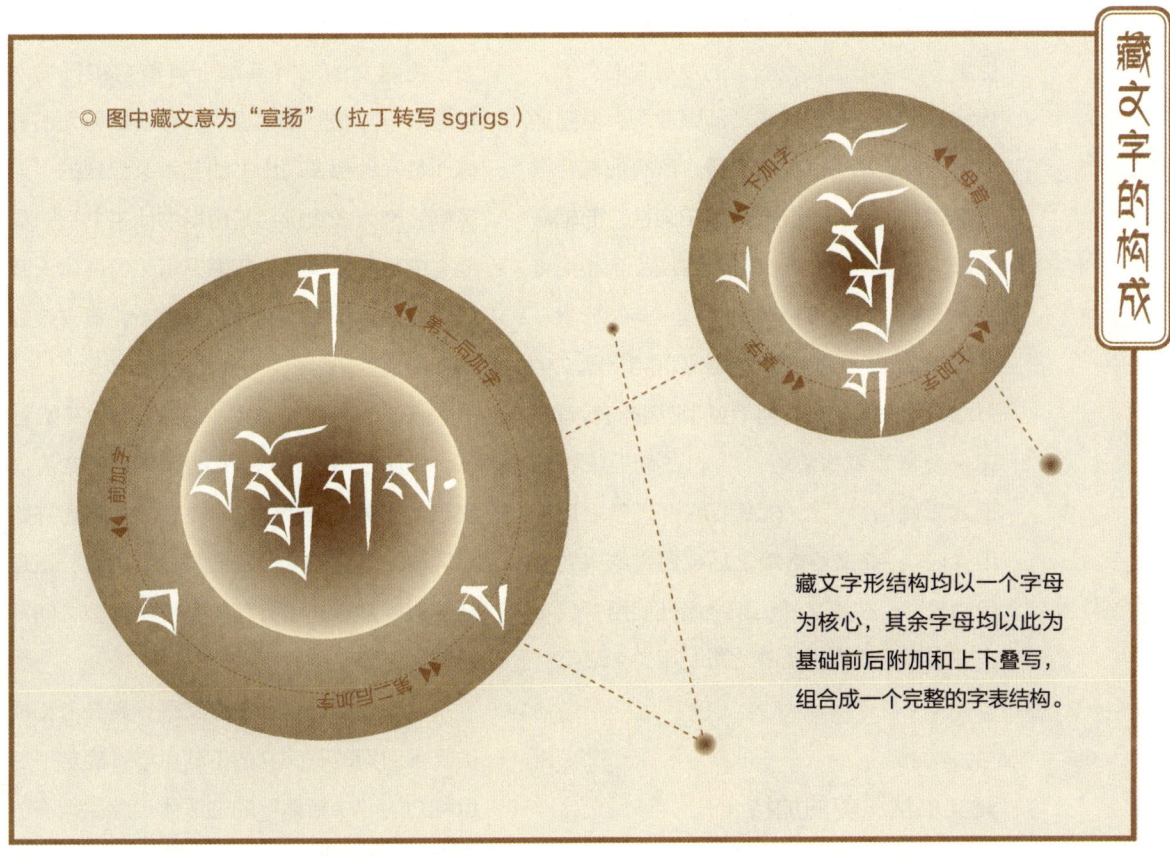

◎ 图中藏文意为"宣扬"（拉丁转写 sgrigs）

藏文字形结构均以一个字母为核心，其余字母均以此为基础前后附加和上下叠写，组合成一个完整的字表结构。

喜马拉雅的记忆载体

藏文是辅音字母为基础的辅音音素字母文字，但藏文更是一种准确拼写语音的音素拼写文字。为了理解它本身的基本性质，了解它蓬勃的生命力，更为去尝试学习它，我们必须明白其结构，或者说如何看懂它。

我们一般以位置和功能（字母与其所表达的语音之间的关系）来命名藏文的各个结构，单辅音或复辅音声母中的基本辅音，我们称之为"基字"，古典藏族学者称之为"国王"。加在基字前面的字母我们称之为"前加字"（共有五种：ga,da,ba,ma,-a），

加在基字上面的字母我们称之为"上加字"（共有三种：ra,la,sa），加在基字下面的字母我们称之为"下加字"（共有四种：ya,ra,la,va），加在基字后面的字母我们称之为"后加字"（共有十种：ga,nga,da,na,ba,ma,-a,ra,la,sa），加在后加字后面的字母我们称之为"再后加字"或者"又后加字"（共有两种：da,sa）。需要注意的是，并非所有的部分都存在于一个具有完整意义的字中，但是基字是必定存在的（只有基字也可以具有意义，如单个基字 sa 表示"土"）。

这样的位置分类很大程度上与藏文字母

的阴阳性（语音定性）有关，而这里的阴阳性更多与字母所代表语音的发音强弱有关，传统意义上的强弱又与"清强浊弱，塞强通弱"的特点相关。具体来看，所有的辅音字母都属于阳性，元音字母属于阴性。而辅音字母内部也可以继续细分以方便文字和语音的对照统一。

那么如何分开不同的意义群呢？藏文中对此有丰富的标点符号。我们常用的有六种。在一个音节最后使用"."；在词组或者句子之后使用"|"；在章节或者段落之后使用"||"；在文章终篇之后或偈文结束时使用"|||"；在偈文开头和结尾处使用"†"；在书名开头处为表吉祥之意使用"◌◌"。

藏文书法：美的加持

"楷如立，行如行，草如走"，自藏文出现之后，其书法艺术在社会和宗教影响下不断发展，并形成了自身独特的风格。现在流行的藏文字体主要是前文所说的"乌金"（可理解为楷书）和"乌梅"（可理解为行书）两种。其中"乌梅"因其较强的个性化书写特征又可分为多种类型，如"徂通""徂仁"和"朱匝"等（草书"酋体"可理解为是对行书体的速写处理）。

因大家对于藏文字母形成缘起有争论，所以关于藏文书法艺术的起源，亦有不同说法。持象雄文起源论的人会追溯到 3000 年前的象雄文书法艺术，然而我们并没有多少遗存可以证明这一点（后世苯教寺院藏有大量他们称之为象雄文的书法作品，但是仍然

没有办法由此推出准确的流变）。

古藏文的书写基本上有楷书和行书两种形式。吐蕃时期出现的八种书法皆为楷书体，每一种都表现出书法艺术家强烈的个人风格，绝大多数佛经是由楷书体来书写；其他文书由楷体，也由行书书写（行书体大致分为"丹体"和"黎体"两类），具有较强的随意性。

从十世纪初开始，佛教在西藏开始复兴。由于吐蕃王朝的分裂导致西藏的政治环境极度恶劣，佛教作为一支独立的势力开始主导这一地区的文化发展与社会生活。正是从这时候开始，藏文写作系统与佛教之间开始存在着显著的联系。

对于楷书而言，书法家卓赤聂参考和模仿吐蕃时期的石碑文的不同风格，确定了后世称之为"中新体"的书法体。此后大书法家琼布玉赤参照吐蕃时期佛教译师嘎瓦北则所著的《乌金书法圆轮度量》，规定了楷书体笔画顺序和书写部位的名称，从而实现了楷书体的统一和规范。一直到 1687 年，桑结嘉措写下《书写格式宝匣注释》，楷书体的模式基本定型。

而行书体的发展不仅与宗教艺术相关，更与社会的书写需求有着密切的关联。15世纪的江孜法王热丹衮桑帕集行书体书法家之大成，编纂了《行书图案与线条概说》，从而让行书体的发展有了理论基础。行书体中的朱匝体，因其笔画转折处棱角突出而得名。其书法风格威严立体，书写难度较大，常被用于政府文书。随着朱匝的不断丰富，它俨然成为一种独立的书法风格。元代萨迦时期产生了弯腿朱匝体，政令和碑刻文都使

【乌金体（楷书）】

常用于印刷、雕刻、正规文书等。它又叫"有冠体"，因其书写时，每个字母最上一笔是横直的，字母排列时，上端必须在一条直线上，形似平顶帽，由此得名。

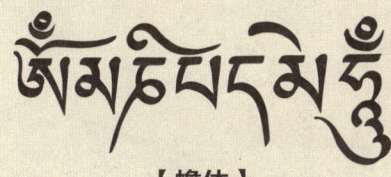

【蟾体】

家伯雪昌姆所创，其特点是圆弧形笔画醒目，每行字很像一串珍珠，故得此名。

❶ 蟾体：
吞弥·桑布扎所创的乌金体，形似草地上一只伸开四肢的黑色蟾蜍，因而称为"蟾体"。

【串珠体】

❷ 历代书法家在乌金体的基础上先后创制了七种字体：
这七种字体分别是列砖体、雄鸡体、稞体、串珠体、蜣螂体、鱼跃体、腾狮体。
立于桑耶寺大殿大门左侧石碑上的铭文就是用串珠体书写的。这种字体是公元八世纪末的大书法

【琼体】

❸ 琼体：规范化的乌金体
公元十世纪末至十一世纪的大书法家琼布玉赤创制了琼体。他依照实用、简洁、美观的原则，借鉴绘制坛城图的画格方法，首次规范了乌金体，定出了字体格式，并为每个笔画定名。从此，琼氏乌金体成为后世习字、书写和刻印的标准和楷模。
琼氏乌金体庄重、高雅。这种字体主要由横平、竖直、斜曲、光圆四种笔画组成。它要求笔画光洁，同一类笔画其长度、斜度、曲度要一致；笔墨要饱满，浓淡均匀；不能有虚笔或飞白现象；字与字的间隔要相等。其书写效果是整齐划一。

【乌梅体（行书）】

吐蕃时期主要着力于乌金体的书艺，正式公文和写卷多用工整的乌金体，但草拟文稿、记录世事，特别是民间行文等多用乌梅体。乌金体再多样化，也总是基本没有超出戴帽和方形的格局，相反，乌梅体不受方正有帽的限制。所以它的类型远比乌金体多得多，而且不同字体之间形态相差很远。它最大的特点是上端没有横直的一笔，酷似摘去帽子，因而又叫"无冠体"。主要有白徂体、朱匝体、徂仁体、徂同体、酋体。

【酋体（草书）】

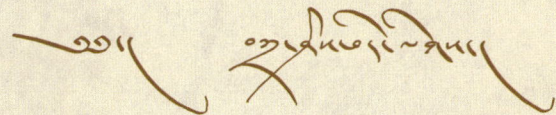

酋体是由徂体演变而来的，是徂体的基础上加以创新的字体。它最适合快速记录。酋体的出现标志着藏文书法达到顶峰。因为只有在其他字体上达到较深厚的习字功底才能书写好酋体。在藏语中，"酋"即迅疾、敏捷、活泼、熟练等意，这样酋体可以称作"迅捷体"或"疾字体"，自然也可称作"草体"。

◎ 图中各书法字体"扎西德勒"（藏语意为"吉祥如意"）　书写者：巴松邓珠（四川省书法家协会理事、省级藏文书法传承人）

藏文是一种拼写语音的音素拼写文字。藏文字母拼写的准确性，以及一直坚持的一字一音的严格性，使其在藏文化区域内广泛使用。摄影 / 李稚用这种书体。到了甘丹颇章时期，政令则采用长腿朱匝体书写。到了19世纪末和20世纪初，短腿朱匝体成为西藏地方政府政令书体，贵族们也以能够书写一手优美的短腿朱匝体为荣。

自八世纪中叶，藏文已经成为河西及西域地区当地居民母语之外的一种通用语。九世纪中叶，即使吐蕃王朝已经丧失了对于河西和西域地区的控制，吐蕃文化和藏文依旧在这些地方存在，并占据重要地位。藏文和藏语同时是河西和西域地区少数官方认可的、可以自主选择和自由流通的语言。即使在敦煌藏经洞封闭之后，藏语文依旧被广泛使用。古藏文的书写传统一直延续到11世纪末。

到了元朝，忽必烈需要一套新的文字系统来书写元朝内部不同族群的语言。来自西藏的元朝国师八思巴（萨迦派僧人，"萨迦五祖"之一）根据藏文字母制定了一种文字，用以取代畏兀儿人塔塔统阿创制的塔塔统阿蒙古文。我们一般将其称为"八思巴文"或者"新蒙文"。对于其创字方法，《元史》中有这样的记载："其字仅千余，其母凡四十有一。其相关纽而成字者，则有韵关之法；其以二合三合四合而成字者，则有语韵

之法；而大要则以谐声为宗也。"这种与藏文相似的拼写方法，可以让八思巴文方便转写不同族群的语言，在政治层面上有着很大的贡献。但是，因为这一文字的政治性特征，使它并没有拥有广泛的使用者。随着元朝退出在中国的统治地位，八思巴文也逐渐销声匿迹。

藏文字母拼写的准确性，以及一直坚持一字一音的严格性，使其如上述所言，不仅在藏文化区域之外被广泛使用，甚至成为元朝的官方文字。在西藏的周边地区，藏文书写系统的影响同样也是极为广泛的。比如，直接来源于藏文书写系统的绒巴文（雷布查文）和林布文，这两种文字都形成于18世纪，主要由生活在西喜马拉雅（锡金和尼泊尔境内）的藏缅语群体使用。其次是云南纳西族使用的哥巴文，藏文对哥巴文的影响体现在字形和记音方面。西藏宗教和文化不断渗入，使哥巴文直接或者间接从藏文借入文字（藏文的元音和辅音都有借用），并派生大量新的哥巴文。值得一提的是南语，南语材料发现于敦煌杂卷中，随着学界的研究，我们相信南语的出现是与早期羌语支先民使用藏文书写自身语言相关的。藏文书写系统"超文化"的包容性再次表现了出来。

发端于尼木县的"尼字体"属于藏文乌金书法体的其中一派。其字体庄重美观，笔锋流畅，常用于书写经文。

撰文／王砚　摄影／樊觅韵

曾风行于古代拉萨的尼字体

　　公元七世纪，吐蕃赞普松赞干布时期，大臣吞弥·桑布扎在原有文字的基础上，吸纳古印度不同文字的优点，结合藏族文化，创制了完善的现用藏文字，随后出现了八大书法家，形成了八大书法体系。书法家琼布玉赤对其中的乌金字体进行了科学规范，使其成为最广泛使用的字体，被称之为"琼赤"（即琼布玉赤之书法）。此后，"琼赤"分出"尼赤"派系，盛行于尼木地区（2014 年第四批国家级非物质遗产项目）。

　　尼字体是一种极为独特的藏文书写艺术。一眼看去，它像其他藏文楷体书法一样，庄重美观，富有装饰性。再细细端详，尼字体在端庄之余，笔锋潇洒流畅，偶有意外之笔，不觉突兀，反而更显出一种活力。比如，在书写藏文第 24 个字母时，写作者会刻意在其上加一小撇，个中缘故据说是来自 18 世纪时的某位书写者。当他凝神写完后，将书卷放在几上，一只小蝇飞来，恰恰落在这个墨迹未干的字母上，又迅即飞去，留下了一抹浅浅爪痕。七世达赖格桑嘉措看过后，却甚觉优美，并不要求涂抹，而是将错就错地保留了下来，成为如今尼字体的一笔特色。

　　嘎玛曲扎从爷爷、父亲那习得一手好"尼赤"。在他的家里，写字是和吃饭、喝水一样

嘎玛曲扎继承了家族的尼字体书写
技艺，不仅书法精湛，还刻得一手
好雕版。他的书法和雕刻作品已经
被北京、成都、拉萨等地的人们收藏。

时时都要做的事。

爷爷索朗旺杰曾担任噶厦政府的高级文书，在布达拉宫待了一辈子，专门抄写经文、记
录官员任职履历等，地位尊崇。父亲多杰群培也是声名远播的书法大师，许多书法作品都收
藏于布达拉宫、扎什伦布寺等著名宫寺中。在嘎玛曲扎和弟弟看来，父亲的字就是最好的字
帖，是他们毕其一生都难以企及的高峰。他回忆小时练字的情景：父亲先在木板上写好样字，
兄弟俩拿竹笔蘸墨一笔一画照着练习，父亲会在一旁不时指正，直到他满意了，他们才能依
样写在纸上。

父亲的视力因为长期书写而衰退，嘎玛曲扎继承了父亲的墨水瓶和书法技艺。实际上，
他自己从 18 岁起就开始带徒弟，教他们写字和雕刻经版，其中一位已经跟随了他 13 年。
嘎玛曲扎把书法、绘画和雕刻艺术结合起来，形成了自己的艺术风格，他的作品渐渐走出了
寺院和西藏，被许多城市的人们青睐、收藏。而在家乡，他更因心地宽厚仁慈而受到尊敬。他
将手艺毫无保留地传授给来自贫困家庭的徒弟，每到新年，还会拉上一车粮油给村里的贫困户
送去。"人这一辈子，只有钱是不能带走的，所以，够用就好了嘛。"他放下竹笔，微微一笑。

村庄四重奏，
山川湖泊相与和

撰文
陈若男

摄影
樊觅韵 等

初冬时节，我在拉萨坐上全顺小巴车去往尼木县。越往西行，海拔渐高，萧瑟越深，尼木的冬天要比拉萨来得更早一些。从地图上看，这个踞于拉萨和日喀则之间的小小县城西高东低，被誉为尼木母亲河的尼木玛曲从县境北部高耸的琼穆岗嘎雪山蜿蜒而下，无数转折后汇入雅鲁藏布江。母亲河惠泽了尼木县的大多数村庄，而被河谷拥抱的村庄在山川、湖泊的塑造下，各自呈现出迷人气质。

雪山下，牧野千里

麻江乡是尼木县唯一的纯牧业乡，它的北部与那曲地区的班戈县、拉萨市当雄县的羊八井相连，西与日喀则的南木林县交界。这里平均海拔4700米以上，大片的高原草甸铺开，极目四望，天苍苍野茫茫，目尽之处是环绕的高耸山峰。

朗堆村位于尼木县麻江乡北部，从麻江乡政府所在地往朗堆方向开去，道路蜿蜒曲折，沿途皆是大片的草场。这短短十几千米的路程，驾车要将近一个小时，即使这一个小时，也是303省道升级成柏油路之后才拥有的极大便利。从2000年起担任朗堆村村书记的次仁旺堆说，以前往返乡里或者辗转于分散在草原上的三个村小组之间开展工作，仅有的交通方式就是骑马或者走路。县里的老电影放映员土多曾经在麻江待了六年，几乎到过每一个地方。当年，他也是骑着马，赶着驮载沉重设备的牦牛，一村一组去放映。只要听到放映员要来的消息，每村都会派出两个年轻人外加三头牦牛欢天喜地去迎接。放映结束后，人们便燃起篝火，通宵达旦跳锅庄、喝青稞酒，宛如庆祝一个盛大节日。

在交通不便的年月，马匹有其特殊的意义：村民们冬季要为牲畜储存牧草，除了在草场上割草以外，有时还要骑马去周围的村子或乡里、县里购买青稞秸秆、小麦秸秆等越冬牧草；夏季，男人们骑在马背上驰骋于草原山间，驱赶牦牛到夏牧场，为全家的牛奶、奶渣、干肉、酥油奔忙，女人们亦跟着迁徙，忙着挤奶、磨糌粑、捡牛粪、缝制搭建帐篷、用牦牛毛羊毛编制衣物等，老人和

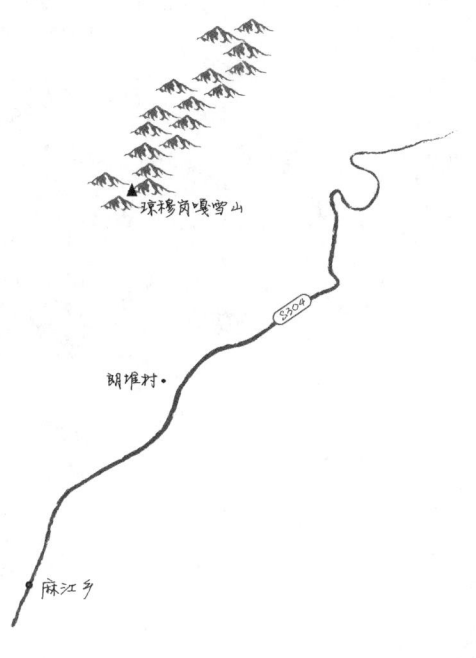

琼穆岗嘎雪山

3304

朗堆村·

麻江乡·

炖煮的大块羊肉咕嘟咕嘟飘散着肉香。次仁书记裹紧身上的黑棉袄，拿着村里老人整理的藏文神话文本，用并不流利的汉语讲述神山的传说：村后这座终年积雪的山峰，是当地传说中智慧女神琼穆岗嘎的居所——琼穆岗嘎神山。成为神之前，身为妖孽的琼穆岗嘎遍降风雪，阻拦人们通行。莲花生大师修行巡游经过此地，几番斗法，终于降服琼穆岗嘎，令她答应为众生做善事。自此，琼穆岗嘎女神位列仙班，成为琼穆岗嘎的山神，率领自己的丈夫、儿子、仆人、侍卫等周围一众山峰，保护这方广袤的水土。

每年藏历一月十五是藏历"罗萨"（藏语，新年之意）的结束，而四月十五是萨嘎达瓦节（又称佛吉祥日，是藏传佛教的传统节日）的尾声。在这隆重的日子里，朗堆村的嫫啦（意为"奶奶"）德庆就会装上糌粑、糖果、油炸物，灌上满满一壶青稞酒，背上松柏枝，和村里各家各户的家族代表一起，爬上高耸的琼穆岗嘎雪山。他们是去煨桑，向女神琼穆岗嘎祈求新的一年风调雨顺，众生平安。众人先到达山腰的琼穆拉措湖边，稍事休息，然后将各家的桑枝堆叠在一起，点火洒水，在冉冉升起的青烟中，捻起一小撮糌粑撒向天空，口中念道："啦——嗦——嗦——"祈求庇护。仪式之后，人们拿出自家的食物、青稞酒和酥油茶，围坐在山湖之间，女人们闲话家常，男人们则开始赛马或者围观。他们彼此分享食物，也传递邻里之间的温情。

春夏，山顶常年积存的雪盖，缓缓融化，汇成河流琼穆玛曲（"玛"意为"母亲"，"曲"意为"河流"），流至尼木，化身为尼木

儿童则待在家里伺候绵羊和山羊。直到后来水电逐一入户，人们渐渐定居下来，平整的公路也修到了家门口，许多家庭买了摩托车、汽车，现在开车到乡里用不了一个小时。马在日常生活中渐渐成为配角，但仍然是牧民的宝贝，它们更多时候驰骋在赛马场上。

村里的贡布开了一家缝纫合作社，专门为牧人们缝制藏袍、帐篷。这是他今年才开始的小生意，赚来的钱能够支持全家一年的衣食住行。他穿着黑色氆氇做成的羊皮藏袍，头上戴着这里常见的宽檐儿礼帽，一看就是个心灵手巧的人。像所有牧民们津津乐道自家的牲畜一样，贡布也一样自豪于家里那匹叫"龙秀江波"（意为"快"）的小马，它可是麻江乡八一赛马节的常胜将军。

十月底的朗堆，着实说不上温暖。入夜，我们坐在村委会的房间里，炉子里的牛粪燃烧着，噼啪作响。炉子上的双喜高压锅里，

尼木县北部的琼穆岗嘎雪山下有着辽阔的草场，麻江乡的牧民世代以此为家。每年，他们赶着满载帐篷、用具的牦牛，将牛群、羊群带到水草丰美的夏牧场、冬牧场，在游牧迁徙中完成四季轮回。摄影 / 李珩

每年藏历新年和萨嘎达瓦节的尾声，
麻江乡朗堆村的人们会带着糌粑、青
稞酒和自制美食，来到雪山上煨桑，
向女神琼穆岗嘎祈福。摄影 / 李铭

的母亲河——尼木玛曲，滋润了这里无垠的草场和耕地。72 岁的波拉（意为"爷爷"）顿珠多吉将草原的变化娓娓道来：中华人民共和国成立前，草场是贵族老爷家的"扎西童噶"（意为"吉祥收成"），擅自进入的农奴和牛羊要被鞭子狠狠抽打，以示惩戒。中华人民共和国成立后的草原更名为"金珠泽当"（意为"解放草坝"），自此人们才有了随意放牧和割草的权利，童年的他才能够跟相好的几家邻居一起去草场放牧。大伙儿常常驱赶驮着帐篷、食物等日常用品的牦牛，到达帕拉卡草场，这里的牧草据说能够增强牦牛的抵抗力。人们搭好帐篷，捡拾牛粪，将楔状的石头钉进地里做牛桩，白天任由牦牛在草场上徜徉吃草，晚上拴上母牛挤奶，受到吸引的公牛也不会乱跑。夏季过去，高原的风开始凛冽，牧草由绿转黄，九十月份牧民们开始忙着储存冬草，各家的一百多头牦牛一个冬天要储备三千斤干草，这时的草场就是另一番热火朝天的收割景象。自然草场是最主要的牧草来源，而 2017 年开始了人工草场的种植，也提供了大量的冬季牧草。收割方式也发生了巨大变化，从最初的镰刀割草，到现在的收割机快速收割，用不了几天，各家就堆满了新鲜的牧草。

牧人们白天为生计忙碌，晚上全家围坐在石头房子里的牛粪炉子前，用藏刀割下风干肉，就着清甜的青稞酒和滚烫的酥油茶，慰藉劳作一天的身体。星河流转，神山巍然。时光贴着牦牛的脊背、牧人的礼帽和女人们的头巾缓缓流去，雪山脚下的村子，依附在草原上，就这样一辈辈开枝散叶，恣意繁荣。

与温泉相伴的"河下游"之村

尼木县处于雅鲁藏布江中游河谷地带，尽管平均海拔高，但河谷地带相对较低，河水定期泛滥，在流水的堆积作用下，土壤肥沃，青稞、油菜、豌豆……都长势喜人。续迈乡的河谷风貌特点更为显著，这里地势平坦且开阔，河流平缓，两岸皆是迷人的田园风光，即便是在海拔 4600 米的色龙组，一种特有的蓝青稞依然能顽强生长。当车沿着潘仲山脚下的 207 省道蜿蜒前行，来到续迈村时，我们面前陡然出现一片广阔的湿地草原，秋雁从深秋的晴天掠过，远处的棕色山峦披着薄雪，近处牛羊安闲地低头吃草，野鸭蹒跚而行，草原上溪流潺潺流淌，冒着缕缕热气。

从地质结构来看，羊八井以南、吉达果至尼木一带是一组南北向的断裂构造带，这里地热活动与岩浆活动、新构造活动都紧密相关，而且地表水系丰沛，具有明显的热壳特征，为高温地热系统提供了很好的热源条件。续迈村恰好处于地热带上，这里的温泉富含锂、锶等近二十种对人体有益的微量元素，保健作用显著。相传藏传佛教大师马尔

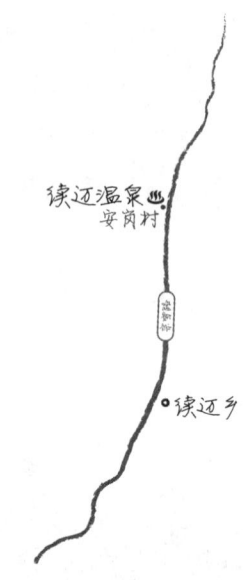

巴曾对其开光，因此又称为马尔巴温泉。在 207 省道边，一座崭新的建筑正在拔地而起，这是扩建中的续迈温泉酒店，吸引了八方游客来泡温泉。不远处，在建的续迈村中核集团温泉钻井项目的钻井塔架非常醒目，这是中核集团在西藏的首个地热项目，建成后续迈村和周边地区能够使用环保无污染的地热供电，对整个尼木县的节能减排、生态建设意义重大。

续迈村把续迈湿地开发成一片足浴休闲区，核心就是这流淌在草原上的天然温泉。据村民说，几十年前，公社曾在这里建了两间男女浴室，鼓励村民多多洗澡，搞好个人卫生，又能缓解患有风湿病、肿胀和皮肤病等患者的痛苦。当时的温泉浴室对本地人免费，对外地人也只收一块钱或者五毛钱。温泉浴室成了年轻人社交的好去处。人们约上三五好友，在浴池里泡到手指褶皱、通体泛

秋冬来临，续迈乡的草原却仍有绿意。温泉冒着热气缓缓流淌，牛羊、水鸟在岸边享受着高原上难得的温暖，人们也喜欢在温泉边洗衣服或慵懒地泡脚。

红。后来时代变迁，浴室废弃，但是人们对享受温泉的眷恋并未消散，于是出现了今日的足浴场。

我们加入泡脚人的行列，坐在山水之间泡脚休憩，感受烫肤水流划过脚面的快感。把脚踩在泉眼上，仿佛蝴蝶拨动心弦一样舒适，实属解压良方。几位藏族阿佳站在下游的溪水中弯腰洗衣，鲜艳的藏袍裙边掖在腰间，抬头笑着跟我们打招呼，洗好的地毯、衣服和织物晾在足浴场的围栏上，接受阳光和干燥的风的亲吻。

琼琼当了45年的续迈村医，说起温泉的功效，也是满满的褒扬，认为温泉能够将身体由寒性调理为热性。藏医有四种治疗方法——饮食、起居、药物和外治，外治颇为重要。而藏药浴"泷沐"作为外治的一种重要方式，更是在2018年被评为联合国教科文组织人类非物质文化遗产。高原气候恶劣，风湿病、关节炎、腰椎间盘突出等是中老年人常见病。富含微量元素的续迈温泉，恰为村人提供了对症的完美药浴场地。

年轻时的琼琼看诊随叫随到，因为喜欢治病救人的利众感觉，所以即使到了含饴弄孙的年纪，仍然坚持行医济世。年纪大了，腿脚发寒，他也经常去泡脚缓解疼痛疲劳，泡完脚晚上睡觉也香甜了。

续迈乡的霍德村在高高的山顶上，是一个纯牧业村。山顶海拔近五千米，空气稀薄，牧民的房屋和牛羊圈稀疏地散落在无际的草场上。孩子们都在寄宿学校上课，每十天才能回家休息，在草场上快乐地奔跑、踢球，秋天的金色草原上回荡着他们的笑声。

强巴顿珠是足浴场管理员，也是温泉的受益人。续迈路通羊八井，年轻时他曾经为生计两地奔波。高原凛冽的气候以及奔波的辛劳，让他饱受风湿的煎熬，天气转凉时膝盖疼痛曾是折磨他的一种顽疾，而温泉则是风湿病人的对症良药，他曾经惯于出汗的双脚，已因为泡温泉而治愈，而疼痛的膝盖也因此得到极大的缓解。

青藏高原夏短冬长，藏族有夏日过林卡的风俗，那时节，湿地草原上搭建起一朵朵白色的帐篷，人们携家带口，从附近的拉萨、日喀则、南木林等地过来，围坐在帐篷下，谈笑游玩，歌舞美食，乐不思归。来自远方的客人们，不仅能享受到温泉对身体的抚慰，也能品尝到续迈村农家乐的炖牦牛肉、血肠、藏鸡蛋等藏式餐饮，更能体会打藏式筛子、射箭、骑马等牧人风情。夏日里最热闹的时段，当属藏历七月为期七天的"嘎玛日吉"沐浴节，人们相信，沐浴续曲河水不仅能够洗去污垢，更能驱除百病，令人耳聪目明。在旅游产业带动经济的大潮下，尼木县旅游局建设了温泉酒店，交由专业的旅游公司经营，温泉酒店的雇员大多是续迈村的建档立卡贫困户。村民们既能享受日常沐足浣衣的乐趣，也以自己的辛勤劳动增加了收入。

在市场经济的浪潮中，人与自然的关系常常是在取舍之间艰难平衡，但是续迈村对温泉的利用方式，既让资源服务于当地和周边民众，又能在不竭泽而渔的前提下为村民带来一定的收入。而且对当地环境没有负面影响，实属一个双赢模式。

如白村的湖畔岁月

普松乡如白村紧邻乳白湖，湖面平静，偶有几只斑头雁从湖面划过，激起一圈圈涟漪。小巧的如白村和白墙金顶的乳巴寺就坐落在湖畔。

站在村中老人多杰群培家中二楼，能望见乳白湖的天光湖影。他的院子里草树繁茂，五彩斑斓的张大人花在十月的艳阳里盛放。墙壁上画着精致繁复的壁画，院落井然有致。老人在天台上晒着太阳，长期用眼的刻经生涯让他七十出头就失去了大部分视力，却也让他拥有了一种沉稳的优雅。他说，"普松"意为"山谷"，"如"的藏语意为"边角"，"如巴"意指村子位于山谷的"右角"。而寺庙则是依湖而建，因湖得名。

乳白湖水虽然不能饮用，但在村民的生活中也扮演着不可缺少的角色。在这个以农耕为主的村落里，种植青稞是最主要的生计。在每年青稞丰收之际，村民们会商定一个时间过望果节。望果节是藏语发音的音译，"'ong"意为庄稼，"skor"意为圆圈。信达兼备的译名中，展现了人们对丰收的向往。

望果节这天清晨，各家会派出青壮年代表列队转田、转湖。出发之前，大家齐聚煨桑祈祷，人们穿上最正式的节日礼服，背上经幡，男性排成一队在前，女性排成一队在后，村里公认的嗓音嘹亮的歌手们站在一起，在村里长老的带领下，顺时针围绕村里的田地和乳白湖转一圈。路上，祈祷丰收的歌声不时回荡在湖面山间。走到湖边那堆林卡的时候，大概也就是午饭时间了。村中各家携户带口，带上家中精心准备的食物和饮品，

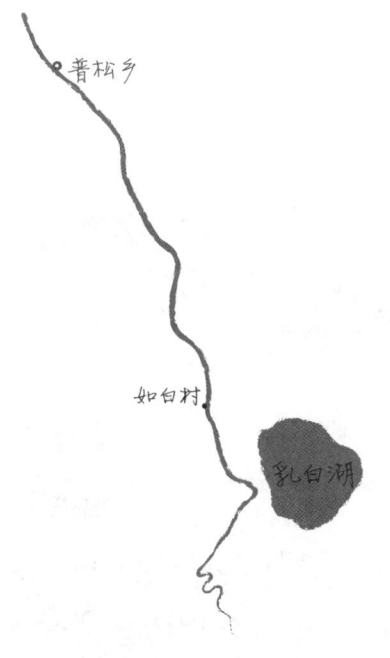

外打扫干净，刷上一层新白。在过去，村人会到湖边挖回满含盐碱的湖泥，涂在自家的屋院墙壁上，干了之后有近乎白色涂料的效果。由于乳白湖是咸水湖，经常可以见到周边村落的牧人们赶着牛羊来湖边舔食盐巴。司机告诉我们："我小时候放牛也是这样，不仅喂草，还要喂盐巴，吃了盐巴的牛羊肉才更有味道啊。"

乳白湖的盐巴可为牛羊调理身体，但含盐的湖水不能浇灌林木庄稼。建于20世纪70年代的普松乡措杰水库横卧村北，人们引高山雪水下山，农田这才得到了滋润。村子四周数十公顷的人工杨林也大多植于那个年代。高原环境严酷，树木生长不易，如今，大多数白杨也只有碗口粗细，在四周山峦之间，努力向上生长。这珍贵的树林是夏季人们过林卡的好去处之一。近年来，尼木县大力推广藏鸡养殖产业经济模式，西藏首家产业化、现代化的藏鸡保种、繁育基地在尼木县落地生根。这种高原特色鸡种拥有小船般的轻盈体形，善于飞翔，无惧高原寒冷气候，树林就是放养藏鸡的适宜场所。

提到植树造林这一段奋斗历史，波拉的眼睛虽然浑浊，也是熠熠生辉。1982年集体公社解散了，分散的田地、林子都分给了村民各自打理。当时的乡书记扎西平措踏实肯干，组织村民植树造林，工钱是五元每天，能够挣外快去买鞋子、茶叶之类的生活必需品，村民们高兴都来不及，谁都不推诿。各家轮流出劳力，挖水渠、挖树坑、栽树苗、浇水，于是才有了村里现在的60多公顷林地。站在村头能看到的草地前面的那堆林卡、湖南侧的措美林卡和山前的雪融拉嘎林卡，

提前抵达林卡与队伍会合。八月份的林子树影扶疏，凉风习习，各家按生产小组围坐在树下，在藏地最美丽的季节，带着最美好的期望，享受农忙之前最后的安逸。

午饭后整装出发，队伍回到村里的街道，在每家每户门口颂歌祝福，家中留守的人在门口点起桑枝，在青烟中奉上青稞酒，转田人接过一饮而尽，然后移步前行。多杰群培笑说，旧时候的宴请，是由本地的庄园老爷出面，敞开平日高门紧锁的庭院，地主老爷威风地走出来，让大家都到他家楼上吃饭喝酒。庄园老爷的大门岂是一般佃户小民平素可以踏足的？这在当时也是一道节庆盛景吧！如今湖边专门修建了转湖公路，人们也由徒步改成骑马、骑摩托车，转的时间缩短了，但是对美好生活的企盼，古今亦同。

八月过去，藏历九月的降神节"拉波堆庆"到来，藏地大家小户都要将房屋里里外

雪山融水滋润着河谷地带广阔的青稞地，人们遍开沟渠，形成纵横交错的水利灌渠。尼木县的妇女们常常利用清澈的水流一遍遍淘洗青稞和油菜籽，撇去浮尘后晾干，就可以磨制糌粑和榨油了。

普松乡如白村的茶馆坐落在乳白湖畔。人们习惯了在茶馆里慢慢喝一杯酥油茶，聊各种琐事。窗外，天空湛蓝，山头已经覆盖了今年的白雪，风里偶尔传来寺院的钟声和雁群的鸣叫声。

都是那时候植树造林的成果。常年苦寒的环境，让生活在这里的人们无法纠结于风花雪月，但是林地带来的好处，村人也是深有体会：树林微调了地域小气候，农田里的油菜花受到树林的荫蔽，四五月份被霜打的情况在种树之后几乎消失了。"曾经白白的荒芜的村子，现在绿绿的，人看着也舒服。"看着湖边的树，村里的老人顿丹缓缓说道。

我走在从如白村回乡的路上，湖边风景令人神怡，公路边的泉眼周围用石板铺出延展的小路，村民们提桶在泉边打水，妇女们蹲在岸边下游处洗衣服……流水汩汩，浇灌了耕田和林卡，明净的湖泊滋润了土地和灵魂，山与湖之间的这个小村庄千年如一日地静美无言。

卡如村：路的魔术

位于雅鲁藏布江畔的卡如乡卡如村背靠群山，沿江修建的交通动脉 318 国道正从村前穿过，将它与日喀则的仁布县紧紧相连；

村后，拉日铁路穿山而过，列车每日在隧道中呼啸，在十千米以外的吞巴乡迎送游客。这个日日听着江声与车声的小村，数十年间不仅见证了水流的东去，也见证了时代的变迁。

道路给卡如带来的变化天翻地覆。

2015 年，拉日铁路正式通车时，村里的老人波拉旦增旺久在他 85 岁的漫长的人生中，第一次看到火车从自家屋后穿过。他放下手里黑底金字的经书，拿起身旁的酥油茶壶，颤巍巍地给我们倒上茶，回忆说："火车能从山里通过，从隧道钻出来，很神奇！感觉像是在变魔术一样。"

曾经，这个村子也像所有存在于山峦沟壑中的村落一样闭目塞听，物资匮乏，村里通往县城的土路，是仅有的与外界联通的渠道。村人想去拉萨，要绕道麻江乡或者续迈乡，经过当雄的羊八井等地，辗转数天才能到达。20 世纪 80 年代中期，318 国道施工队的帐篷开始出现在村子里。村委会主任拉巴第一次见到了推土机，也第一次听到了炸药爆破山石的声音。他说，当时在修路工地上打工收入颇丰，在工地上帮忙的村民不少。特别是工程任务繁重时，村民们帮忙装卸车辆、搬运东西，最少也能得到半袋大米的报酬。老人旦增旺久说："我们这里只产糌粑，吃腻了，能

吃上大米，每个人都觉得新鲜，口感真不错。"

318 国道建成后，路上的汽车多了起来。汽车带来的最大变化，正如旦增旺久所说，体现在了人们的饭碗里，各种物资源源而来，糌粑、土豆、萝卜少了，大米、白面、青菜和肉开始出现在饭桌上。而 20 世纪 90 年代的日子似乎更加鲜活忙碌起来，人们开始外出务工挣钱，也学会了怎样花钱：有村民买了全村第一辆车——东风翻斗车，跑运输，拉沙石，后来甚至自发组织了运输车队，一年能挣几万块；家里开始用上了电视、电冰箱、洗衣机等。人们知道了外面的世界的精彩与无奈，更多的年轻人在家里待不住了，搭上过往的汽车，开始出去闯荡。坐贾行商，是卡如村自古以来就有的经商传统。村里囊卧家出了名的有经商头脑，经常采集本地野生的核桃、桃子等土特产，放在骡马背上，顺着羊肠小道，远的驮至日喀则，近的则到达本县的续迈乡或者吞巴乡，换回糖、茶叶、衣服等食品和生活用品，回乡贩卖。有时候自己家的骡子运力不够，还要花钱雇牦牛工。如今，村里的 114 户村民，只有 66 户在这里常住，其余的都在拉萨、那曲、山南和林芝等地生活，有人自己开商店或者茶馆，也有人在企业公司工作。

卡如，在藏语中意为"斗形"，寓意地

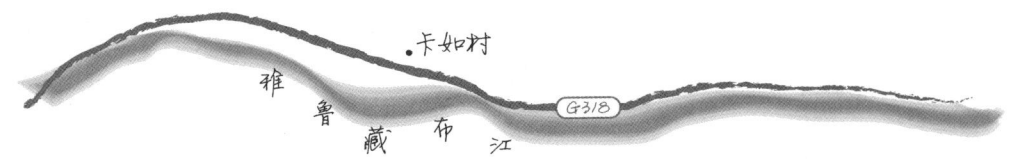

背靠群山的卡如村面对着雅鲁藏布江的滔滔江水，也昼夜聆听着 318 国道上往来不绝的车声。拉日铁路从村后的大山里穿行而过，给小村带来了更多的发展机遇。摄影／杨民

形陡峭难行，土地宜种面积十分狭小。长久以来，村民只能以种植青稞、春小麦、油菜、豌豆等主要作物谋生。当大量的援藏资金注入，大批的援藏项目开建之后，卡如村以此为契机，开始发展特色经济林产业以及旅游文化产业。如今，318 国道一侧的种植园内，115 亩桃树已成为海拔 4000 米的高原奇观。村子里那 18 棵有千年历史的老核桃树早已成了卡如村的象征，村里的孩子们谁没有拉着春天柔软的枝条荡过秋千？长大后，谁没有在夏日的树荫下打过骰子、喝过青稞酒？核桃树粗壮的枝干也曾被村民用来做屋梁和房柱。秋季核桃丰收，村里几户结组承包一

棵树采摘，将果实的外壳剥去，晾干，或自家做零食用，或送到临近的亲戚家尝鲜。现在，卡如村借着"拉萨西大门"的地理优势，与尼木和美公司联合打造了核乡寻忆景区，越来越多的人沿着 318 国道而来，在路旁的核桃小村驻足游玩，核桃树真正成了卡如村名声在外的一张名片。

顺着核桃树荫下的石板小路，我们来到山坡上的"老阿妈酿酒坊"。阿妈德庆白珍一辈子都生活在这里，她传承了父辈的酿造手艺，年轻时候就是村里的酿酒好手。虽然酿造青稞酒是各家的必备技能，但是阿妈的酒口感清甜，入喉醇润，颇受远近村民欢迎。

阿妈德庆白珍一辈子都生活在卡如村，她酿造的青稞酒清甜醇厚，远近闻名。当村里的旅游业兴起后，她的家庭酿酒小作坊也迅速红火起来。

小酒坊隐藏在入门右手边的石屋里，陶罐立在古朴的藏桌上，酿酒木桶架在另一侧的白墙前，空气里弥漫着酿酒酵母的香味，把人裹挟进去，昏昏欲醉。

阿爸盘腿坐在藏床上缝补藏袍，阿妈缓缓道来酿酒的秘诀：将新收割的青稞籽粒洗净，捡出杂质，以1∶1的比例兑水，放到锅里熬煮。柴火熬煮的过程中，要用长长的木棒不停地搅拌，让每一颗青稞均匀受热，汁水被青稞完全吸收进去之后，将湿润的青稞铺开晾凉，撒上酒曲，倒入陶罐密封发酵。发酵的过程中，澄澈清甜的酒汁会从青稞颗粒中分泌出来，倒进木桶，第一道酒就酿好了。这道酒比较甘甜。如果继续往罐中加水，还能够酿制第二道和第三道酒。

阿妈阿爸两人年岁已高，膝下有一女，家中并无其他劳力，被定为村中的贫困户，但是创收的路比以前多了许多。家里翻修了房屋租给景区做民宿，阿妈的酿酒坊也红火起来，阿爸在村里做护林员，女儿也在景区做服务员，一家人每年有几万块钱的收入。阿妈说，现在不愁吃不愁穿不愁住，挺满足。

2015年通车的拉日铁路给村里带来的收益更为实在。一方面，铁路占地每亩补贴三万块钱，村民从征地上得到了直接的补贴；另一方面，借着修建铁路的契机，村委会承包了本村路段内修筑铁路挡墙、挖排水沟渠等项目，活计分派给村民，按照市场价发放务工费；项目结余则存进村集体经济账户。村委会拿出每年盈利的资金给村民发放粮食或者冰箱、洗衣机，还给全村村民购买了农村合作医疗保险和养老保险，让祖祖辈辈在农村的人们有了应对病灾的底气，也有了对未来的信心。

卡如，这个被公路和铁路换了新颜的高原小村，在快速的变化中仍然留存了自己最为淳朴的一面。也许只有来过这里，看过它的热闹与沉静，才会感受到流水光阴中那不变的生生不息的大地的力量。

地
道
风
物

高原上，人与自然、生灵休戚与共。农牧业是尼木生存的根基，精神和物质文化都由此延展，在峰峦的褶皱、江河的奔涌中生长、繁荣、更迭。藏人虔诚地敬奉神灵、祈祝吉祥，朴素的信仰构成了尼木寻常生活的肌理，见证着上千年历史中的沧海桑田。

尼木年，以麦熟为岁首
背经转田祈丰年
阿吉拉姆，来自雪域的祷祝
赛马盛会，马背豪情
高原形色，穿在身上的历史

尼木年，
以麦熟为岁首

撰文
罗珍德吉央宗

插画
兰跃峰

每年藏历十二月初一的尼木年，是普遍流行于日喀则地区的农民新年。离新年还有一个多月的时间，就进入了年货采买季，开始准备新年的吃穿用度。四世同堂的仁增阿妈一家也早早地开始筹备新年。孙女婿克珠开着家里的小货车，带着一家人到拉萨进行主要的采购，格桑和次珍姐妹俩最喜欢跟着妈妈梅朵在八廓街挑选新衣服和首饰。儿子罗布趁着牧区开宰的时节，到麻江买了新鲜的三腿牦牛肉和一头全羊。儿媳旺姆负责在家门外用石灰粉洒绘雍仲符号（万字符）等吉祥图案。仁增则开始在水盆中浸泡青稞种子培育青苗，这是要放在佛龛前的供品，祈祝来年丰收，等青苗长到一两寸的时候，也就到了新年。

古突辞旧，囊康迎新

尼木年从藏历十一月二十九日开始过，这个团圆夜俗称"古突"夜。"古"是藏语里的数字九，汤面片在藏语里统称为"突巴"，古突是对二十九日所食面疙瘩的俗称，而这

"卡塞"（油炸果）是一种油炸面食，可以做成圆、方、条、蝴蝶等不同形态。卡塞以其金黄香酥的讨喜外形和口感，成为藏族新年最必不可少的食物。

一天也是驱鬼节。

男人们会在古突这天下午泡温泉，沐浴净身，洗去污秽和瘟疫；女人们则在厨房里忙活起来。仁增阿妈的儿媳旺姆和孙女梅朵开始准备制作既可供奉给神明，又能用来招待客人的传统面点——"卡塞"。旺姆熟练地揉着面，将面团揉成长条、麻花辫、花朵等形状，小心地放在铺满垫纸的桌上，梅朵负责炸制。捏好的面点进入滚烫的油中，翻滚着，逐渐成形。梅朵查看着面点的色泽、软硬，将炸好的卡塞舀起，放入一旁的竹篮子里，最后撒上一层薄薄的白砂糖。

仁增阿妈在准备晚上吃的古突。古突有别于我们日常所食的面疙瘩，特殊在于里面包着特殊的馅料。老阿妈一边将代表"心肠硬"的小石头包进了面疙瘩中，一边向我解释："糌粑代表心地善良，辣椒是刀子嘴，骨头表示拥有雄心壮志，心狠手辣的人会吃

到煤炭，吃到羊毛的人是性情温柔、心地善良的人，吃到盐巴的人是懒人。"寓意最好的是太阳和月亮形状的古突，代表荣誉与威望并存。最后老阿妈用面团捏了一个小人，在藏语中被称为"率"。这个小人代表了鬼，通常会放进陶罐里，然后放进一些糌粑团。这些糌粑团都是在大家喝古突前，在身上揉擦过的，让它们沾掉身上的疾病与晦气，不过千万别在额头上揉擦，旺姆解释道："额头上的可是福气。"

将面疙瘩与萝卜丝、人参果、奶渣、牛羊肉一起下锅煮，随着揭锅盖时升起的雾气，热腾腾的古突便完成了。每个人端起自己的那碗古突时，并不着急吃，而是急于探清各自碗中都出现了什么馅儿。古突不仅是一顿饱腹的晚餐，还通过这种玩笑式的你一言我一语助兴，让这顿家庭团圆饭吃得充满欢声笑语、其乐融融。

最后每人将碗中剩下的古突倒入送鬼的陶罐中，仁增阿妈嘴里念念有词："今天我让你吃饱喝足之后，让你带走家中所有的邪气、晦气，你必须做到头也不回地到那遥远的地方去。"作为土生土长的拉萨人，我第一次过尼木年，于是主动申请参加这个送鬼仪式，承担了扔陶罐的任务，仁增阿妈叮嘱我："回来的时候，别转身看，否则扔出去的晦气可是要跟着你回来的。"我拿着装了率、古突和糌粑团的陶罐，克珠从厨房取出点燃的麦秸秆和一挂短的鞭炮，一起走出门。十字路口已经聚集了不少人，整条街道都是鞭炮声和陶罐摔破的闷响，大家见面也只是寒暄一两句，便头也不回地奔回家里，生怕晦气会追赶上来。

送走了率，家里也要进行驱鬼仪式。罗布点燃麦秸秆，依次走进家里的每间房，大喊着"鬼出来，快出来"，旺姆负责跟在他身后关门，把不祥之物关在门外，同时，一路洒水，以防麦秸秆的火星掉落在门廊上引起火灾。

古突夜是辞旧，大年三十"囊康"就是为迎新做准备。"囊"是藏语中"天或天数"的意思，"康"意为"完满"。

这天一大早，各村会祭祀各自供奉的山神。我跟着仁增阿妈一家，带上桑与经幡，前往巴古村比如寺附近的山头。大家一起动手，将五彩经幡挂满了山头，并在公共煨桑炉内放上不同种类的桑，焚烧时撒上糌粑粉末与麦粒，喊着祭祀神明时的"吉

农历二十九的团圆饭要吃带馅的面疙瘩"古突"，以驱鬼避祟。圆润莹白的古突里包着石子、辣椒、羊毛等馅，分别代表着"心肠硬""刀子嘴""善良"的寓意。

大年三十清晨，一家人到附近的山上
插经幡和煨桑，向天空抛撒青稞粉，
敬天地诸神。

吉，索索，拉索索"。印着佛经的五色经幡
随风而动，桑烟袅袅直通神明居住的上天，
人们祈求着山神赐予这片山脚下的村庄祥和
繁华，幸福平安。

回到家中时，已经是下午，一家人要开
始为筹备供品桌而忙碌。供品桌最右侧要摆
放"切玛"，装在特制的木质长方形盒子中，
由一个"钵"（木板）将其容纳空间一分为
二。切玛盒雕刻着吉祥八宝（宝
伞、金鱼、宝瓶、莲
花、白海螺、吉
祥结、胜利幢、

金轮），其上着象征生命的黄色与红
色。盒内一边盛满用酥油和好的糌粑，
代表着健康长寿；另一边盛满麦粒，
祝福五谷丰登，再插上彩色酥油板和
着色的麦穗，用一条白色的哈达绕在
切玛盒上。

在供品桌的中央摆上羊头"罗果"，
也是藏语新年的谐音，羊是藏文化中
的吉祥之物，寓意着六畜兴旺。现在
的羊头多为陶瓷、石膏质地，替代了
过去的真羊头。卡塞被垒成"德格"
（藏语音译，指堆砌起来的形态），
旁边摆着红糖、茶砖，还有仁增阿妈一个月
前就开始准备的青稞苗。小巧精致的银碗
在桌上一字排开，装着人参果饭、青稞酒、
酥油茶、麦片粥、奶渣、水果、糖果等食物。
一切都摆放妥当后，由仁增阿妈——家里
最年长的长辈——点燃一盏酥油灯。

西藏有一种说法，认为新年"不是过年，
是赶年"，因为人们有数不清的任务要赶。
就算在旧年的最后一天，家里的男人女人还
有各种准备工作要完成——全家大扫除、准

家中经堂里的佛龛前供奉着"切玛"
（装着糌粑和炒麦粒，插着麦穗和酥
油花的斗型方盒）、"罗果"（羊头）、
卡塞、人参果饭、青稞苗、茶砖等食物，
祈祝五谷丰登、吉祥如意。

把房顶的经幡替换成新的，在煨桑炉里点燃柏枝，让飘扬的经幡和袅袅的桑烟把祝福送到天上，保佑全家消灾灭殃、福运隆昌。

备新年年食、备好新衣服新首饰、给床和沙发铺上新毯子……所有人都在忙碌中祈盼新年的来临。

吉祥"新年味"

"抢水"是尼木年初一的第一节目。习俗认为谁舀到第一桶水，就能够获得最好的运气。有人甚至深夜就候在河边，冒着零下一二十摄氏度的严寒，等待破晓时分。取水的一般是家里的女人，她们凌晨就起床，带上卡塞、水果及哈达等供品，到家附近的江河取"第一圣水"，在取水的地方煨桑，祭祀天地诸神，既是对神明的供养，亦是感恩于恩赐，不仅是索取，也在不断地给予，这

是藏族笃信的价值观。随着生活条件转好，尤其是家里通了自来水后，这个延续了千百年的传统也有了些变化，那些距水源太远的家庭，会直接从自家院子里接一桶自来水，并给水龙头献上哈达，放上同样的贡品，感恩更新、更好的生活。

主妇们取完圣水回家，全家人都要赶紧洗漱，穿着新衣服到家里的佛堂为净水碗添新水。罗布和克珠把屋顶的经幡树换成崭新的；仁增阿妈转着手上的经筒，一边煨桑，一边念经祈福；旺姆和梅朵在厨房准备早餐，还要把赖床的格桑、次珍姐妹唤醒吃新年的第一顿饭。大家聚在客厅后，由克珠端着切玛盒，按年龄依次让大家吃切玛，这是藏历新年最重要的仪式之一。用拇指与食指捏一撮糌粑与麦粒，先向空中抛撒三次，以示敬三宝，随后将剩余的送入自己口中，同时，相互祝福"扎西德勒蓬松措（愿吉祥如意美满）""阿妈巴珠共康桑（愿母亲健康长寿）""垫突德勒突巴秀（愿一直平安吉利）""推桑塔崔查荣荣

初一是团圆聚会的日子，家庭之间互不拜访。一家人互献哈达，互道祝福，一整天都沉浸在美食、琼浆、歌舞和欢愉之中。

拥哇秀（愿明年今日仍能欢聚一堂）"。

新年早餐的主食是用酥油炒好的传统早膳——人参果饭，母亲们叮嘱大家一定要吃饱，这样接下来的全年才不会饿肚子。客厅里茶几上的食物摆得满满当当，除了饮食四宝——糌粑、酥油、茶和牛羊肉，还有卡塞、退（由酥油混合着红糖与糌粑制成的点心）、酒和点心糖果饮料。

等着"折嘎"艺人到家门口送上一段新年祝福，是很多小朋友在大年初一最期待的节目，很多表演者是流浪艺人，他们身着洁白干净的白色氆氇藏袍，戴着慈眉善目的白色面具，走家串户为大家唱上一段抑扬顿挫的吉祥唱词。小朋友们都听不太懂艺人在唱什么，但总是能从这特别的腔调中找到把他们逗得咯咯笑的乐趣。初一不宜到别人家做客，老人家会趁早去寺院朝拜、转经、点酥油灯，然后在家中享受美食美酒，载歌载舞

地欢度团圆的一天。仁增阿妈还记得他们年轻时，每到新年，都会围着篝火跳锅庄，通宵达旦，好不热闹。

自初二开始，大家走亲访友、互相拜访。仁增一家准备好了礼物，计划初二这天去他的大儿子强巴家做客，而我也踏上了返回拉萨的旅途。路上已经有不少家庭拿着各种绕着哈达的礼物出门做客，我们互道"扎西德勒"。在新年期间，即便是路上碰到的陌生人，大家也会笑着祝福吉祥如意。从初二到十五期间，除了聚会，村里也会在天气晴好的日子里组织拔河、赛马、击牛角、抱石头等男女老少喜闻乐见的活动。

除了麻江乡、彭岗村等牧区外，县内大部分地区都将尼木年视为最重要的年节，隆重而热烈地庆贺。藏历十二月初一欢度新年是流行于后藏地区的"农民新年"，包括日喀则、拉孜、江孜等若干个市县。这片区域原属"卫藏"的"藏"地，习惯称为"后藏"，地理位置在拉萨以西，主要是年楚河流域及其入江口以上的雅鲁藏布江两岸，在历史上大都为地方政权直接管辖。尼木的自然环境更接近日喀则，在历史上也多与后藏的政权更亲近。

自初二开始，大家走亲访友、共庆佳节，直至十五。盛装打扮的主人一听到门外传来的高声祝福，便赶紧提着青稞酒，捧着切玛，兴高采烈地迎接登门的亲朋好友。

客人进屋，都要吃切玛，先捏取糌粑、麦粒抛向天空，以敬三宝神，再送到嘴里自己尝尝。接过主人送上的一杯青稞酒或酥油茶，不停互道"扎西德勒"，开启新年中愉快欢乐的一天。

古代西藏进入以农耕为主要生计方式的阶段后，从播种到收获便成为藏地辨识一年周而复始的重要标志，《旧唐书·吐蕃传》记载"不知节候，以麦熟为岁首"，其中"麦熟"不是指庄稼成熟就可以欢庆新年，而是把庄稼收到家里，完成秋收后，才能在农闲时间安排庆贺。后藏地区每年藏历八月下旬开始秋收，九十月收获打场，在来年的一月就要开始春耕的忙碌，新年的时间与农业生产生活的周期相匹配，各种形式的庆贺都为祈求新岁农牧业兴旺。正如尼木以"麦穗"为名，当地民俗的方方面面都体现出了农事生产的影响与恩泽，而人们也始终牢记和感恩这份人与自然的纽带。

背经转田祈丰年

撰文
何清颖

藏历七月，尼木的雨季刚过，大地一片生机盎然，麦田里的青稞穗低垂，空气中时不时随风飘来丝缕麦香，这一切都在昭示，尼木的许多村庄就要开始一年一度的"望果"了。"望"是藏语中庄稼的意思，"果"意为转圈，望果即是围着庄稼转圈的仪式，流行于今天的雅鲁藏布江中游及其支流肥沃的河谷地带已有一千多年的历史。各地举行望果的日子并不统一，多集中在藏历七八月间，大多由当地负责驱赶冰雹的咒师或者寺院的喇嘛推算具体日期。在人们心中，他们是山神、龙神或者地方神的代言人。

每到藏历七月，尼木乡曲林村的僧人次仁旦增会在村两委的委托下择定当年的望果时间。他要根据经文要求，查阅藏历，再结合天气状况，从当年青稞开耕两个半月之后到鸟王（大雁）南飞之前的所有时日中，择选最吉祥的一日，定为望果节的日期。

青稞熟了

确定了当年望果节的时间后，村两委就要开始规划节日的各个环节——邀请僧人、准备道具、安排节目、通知农户……任务层层分配下去，有条不紊。从 1974 年到 2008 年都在曲林村委会工作的米玛，对这些工作内容了如指掌，即使退休了，如有需要，他仍会毫无怨言地随时投入工作。村委会工作人员会至少提前一周时间通知各家各户，今年的望果节定在藏历七月二十三，为期五天，各个家庭随即开始准备过节时与大家分享的肉、糌粑、酥油茶和青稞酒。

望果节是尼木夏季最隆重的节日，参加的人自然也要穿戴最庄重的服饰。转田队伍中人数最多的角色是背经人，他们需要统一着装：女子多穿黑色氆氇坎肩藏装"普麦"，搭配色彩艳丽的衬衣，佩戴珍珠、珊瑚、玛瑙、琥珀等宝石串成的项链"吉达"，胸前挂着价值不菲的护身符"嘎乌"，围上护腰"格垫"，外用银质腰扣"第阿"固定，再穿上红色"松巴"藏靴。相较之下，男子的服饰就简单多了，他们头戴金丝帽或毡帽，白色棉麻衬衣外搭黑色氆氇立领无袖上衣，外套白色氆氇藏袍，下穿宽松的黑色裤装。

望果的前两天是祭祀仪式。第一天要祭

"望果"仪式的目的包括对农田大地的净化、招福，对妖魔鬼怪、不祥厄运的铲除，对地方保护神的供养，以及佛教意义上对情器世界的法布施。作为农区的年度节庆仪式，它关乎山麓、河流、大地，是一个藏族农业社会物资及人文资本流动的彰显。

摄影 / 李铭

山神，全村267户都需派一人作为家庭代表，登上神山之巅，煨桑祈福。曲林村的神山叫通孜玛山，但村民习惯性地管它叫"黑山"，因为山体颜色偏黑，很容易从周围灰绿色的重峦中辨认出来。爬山从来不是容易的事情，这天的日程从早上6点开始，到晚上6点左右才能结束。爬山成员出发前，会先把从自家长势最好的庄稼地里拔出的一束麦穗，恭敬地放在灶台旁边，以此祭献龙神，然后在家里的煨桑炉中点燃柏枝，背上装着桑枝、糌粑和青稞酒的背篓，在村中各处升腾的桑烟中出门。

黑山有三处祭祀点。在藏人眼里，每座神山都可类比成人形，米玛说，需要举行祭拜仪式的这三个点就像人的膝盖、腰腹和头顶。山腰两处有煨桑炉，爬山人依次往炉子里添桑，再撒上糌粑和青稞酒，让桑烟更浓密和持久。参与爬山的以男人居多，但女人和孩子的积极性也不低，不同脚程的人相互配合，下午4点左右能在山顶全部聚齐。整片山头都挂满了五色经幡，大家把代表自己家庭的经幡柳条插在一起，变成一株生机勃勃的新经幡树。领头的僧人吹起法号，召集众人围成圆圈，口中念念有词地诵经，引导大家煨桑，给山神敬献哈达和青稞酒，并举行"央果"（"央"指精、魂）仪式——举着伞状经幢先顺时针转三圈，再逆时针转三圈，以招徕福运。借助僧人之口，祈求山神不要降下冰雹，保佑庄稼丰收。

望果的第二天要背着经文转田，这也是最重要的仪式。与祭山神一样，转田的背经队需要每户都有代表，大家也都愿意参加，他们相信背经的人都会有福报。经书用白色哈达绑在背经人的背上，大多是大藏经《甘珠尔》和《丹珠尔》。转田的队伍需要由僧人领路，曲林村没有寺庙，每年从日措村的卓瓦曲典寺请僧尼带着法螺、摇铃、筒钦等法器来主持。今年邀请了7位僧尼，由一位本村喇嘛带队。

当天，转田队伍先到村委会集合。喇嘛先吹奏筒钦，海螺和柄鼓随即响起来，这是以乐器召唤和愉悦神灵。吹奏完毕后，喇嘛开始念经，同时煨桑敬神。接下来，12名穿着黄缎袍、头戴圆顶红穗"索夏"（蒙古帽）的武士拿着藏刀，在空地中央表演说唱"百"，这是古代藏族士兵征战时的壮威歌，古时粮食丰收在望时，武士要负责保护庄稼，提防敌人抢夺。这12名武士是转田队伍中的马队成员，由曲林村5个组的10位村民，再加上两名领队组成。武士表演完，队伍要准备出发了，在柄鼓敲出的节奏下，队伍开始在院子里转圈，边转边调整队伍，然后有序地走出院门。

队伍中各角色的顺序按照佛教中身、语、意的意涵排列，依次是举旗队、抱着宗喀巴像的佛像队、僧尼法器队、背经队，骑手垫后。开始进入田垄时，有人开始表演声调悠长的"谐钦"（大歌、祈神歌），表达对丰收和吉祥的祈愿。和着柄鼓和摇铃的敲击，人们边唱边跳，200多人的队伍走出一个蜿蜒的队列。背着陶罐的煨桑者走在举旗队之后，他在开路迎神，负责让桑烟持续笼罩着整个队伍，净化身心。在喇嘛的引领下，队伍沿着各家各户的土地按顺时针转圈，每一方土地都要转满，让每一个家庭都得到丰收的祝福。没有参加转田的人则早早地在家门口或田头上摆好香案、桑枝，端着酒壶、茶壶，捧着哈达，等待为背经队成员敬茶奉酒。曲林村的土地上一共有9个祭祀点，转田队伍每到一处都要煨桑和央果，由喇嘛主持仪式，拜祭土地上的神灵。

曲林村是个人口大村，每年的转田队伍早上10点从村委会出发，直到下午6点左右才能结束，回到终点玛朗庄园遗址。一整天在曲折的田间行走，颇需要些体力，所以，参与转田仪式的大多是40岁以下的青壮年。队伍成员自带干粮，随时补充能量，中午短暂的休息时间里，大家跟平日在田里劳作时一样，席地而坐，分享糌粑、酥油茶、青稞酒和风干肉。转田活动结束后，背佛经的人必须直接回家，把积攒的福气带回去，留在家中。

曲林村的玛朗庄园如今只剩下断壁残垣，但在旧西藏，每年组织望果仪式的正是各个庄园的贵族。为了保障来年的收入，庄园每年要举行持续三天的仪式，头两天请喇嘛在庄园里诵经念佛，祈祷风调雨顺，第三天留一名喇嘛在庄园内做法事，其他喇嘛带着随从转田。现在，望果仪式的宗教意味减淡了许多，全村只在藏历五月初的"曲果"（意为转经）那天，进行完整的转田仪式，曲林村也不会在望果节的第二天举行背经转田仪式了，而是由马队作为全村代表，沿着既定路线转田一圈。

人聚齐了

实际上，在西藏很多地方，望果和曲果这两个称谓并非那么泾渭分明。综合各地情况，背经转田这一仪式主要在两个时间点举行，一是青稞灌浆（长了颗粒还没变黄）之时，一是青稞成熟之际。青稞灌浆之前的一个月，是田间的夏日禁忌时间，不能下田劳作，曲林的次仁占堆老书记解释说，"那时候麦子还没垂下来，天气最热，人的身体也是热的，如果在麦子上加上人的热量，它们即使继续生长，里面也会是空的。"在青稞灌浆的时候举行转田仪式，一方面是请求山神不要下冰雹，另一方面也是祈愿通过仪式消解人对庄稼的影响。到青稞颗粒长好之后，人对庄稼潜在的伤害已解除，直到青稞收获，唯一的重大威胁只有自然灾害。曲果是在藏历五月初六举行的转田仪式，必须有喇嘛参与。这一天对僧人而言，是释迦牟尼转佛法经轮的日子，转经是主要的内容；而对农民来说，则是转田的节日。现在，很多地方将青稞成熟时的转田仪式统称为望果，也许因为这个时刻更接近一年中丰收的喜悦，望果渐渐从一个消灾弭祸的宗教仪式变成了敬奉神灵、庆祝丰收、团圆欢聚的综合性节日。

曲林村的村两委是每年望果活动的主持单位，岁月流转，节日内容在不易察觉中发生着变化，村两委也要应对时代变迁给出的不同难题。今年他们就碰到了一个尤为棘手的困难。整个尼木乡都以农业种植为生，基本上没有农户养马，而望果队伍中马队是不可缺少的角色。过去，由村民自己到麻江，甚至羊八井去借马，但这些年，尼木养马的牧民也已经不多，要借到12匹性情温顺的马，再加上长达一个月的训练时间，既费力又费时，为筹备工作增添了诸多困扰。于是，

有灵魂的器物

撰文／何清颖
插画／兰跃峰

"曲果"和"望果"中的道具在整个仪式中有不可或缺的地位，每一件器物都有可以追本溯源的典故和意涵，是藏族文化和信仰最直白的展现。

「哒咚」

白色，是藏族人心中最圣洁的颜色。在藏族大大小小的各类活动中，以大面积白色为底，点缀着蓝、黄、绿、红色的旗帜是最常见的道具，是五种智慧的集合。

煨桑罐

煨桑的陶罐一般由公认的资深农事能手背着，走在队伍前端，一路煨桑，让桑烟笼罩整个队伍，因为桑烟有迎神和净化的作用。

背经队

背经队是转田祈福队伍最主要的组成部分。每家每户都会派出一个人参加，庄重地背着自家经书，代表整个家庭，为来年丰收祈福。

海螺

佛经有言，释迦牟尼声音洪亮，有如大海螺的声音响彻四方，所以，右手海螺是好运的象征，吹响海螺，就能给人们带来和平。

柄鼓

柄鼓是藏族活动中最常见的乐器。仪式中，鼓手举鼓，右手用曲柄敲击，掌控着整个活动的节奏。

「拉桑达觉」

三到五米长的竹竿外披着羊毛和鲜艳装饰，顶端饰有铁质佛教纹样，插着青稞、豌豆等作物，由身强体壮的男人扛着，寄托着『五谷丰登』的寓意。

筒钦

筒钦是藏传佛教中的低音乐器，主要用于盛大庆典中，起召集众人之用。奏响音色低沉威严的筒钦，仿佛具有所向披靡的无敌气势。

「达达」

以青稞麦穗为主干，外面缠绕着五彩哈达，挂满了青稞、小麦、竹箭、贝壳等装饰，意为农业丰收、颗粒归仓。

骑马队

从各村每个组选出一位代表，组成骑马队。马队成员盛装打扮，穿着『格萨尔王』时代风格的服饰，为转田队伍引路。

查思书记在苦思冥想后，做了一个与时俱进的创新，决定以实用为先，用摩托车代替马匹，马队武士成了另一种意义上的骑手。让他的忐忑得到瞬间安慰的是，村委会和村民代表一致通过了这个决议，千百年的传统也需要与时俱进。

每年的望果节通过各个环节，把藏族文化、佛教仪轨和精神内涵渗透进世俗社会的日常生活中。村里因为做生意而比较宽裕的家庭对望果节的经费筹措起到义不容辞的带头作用，条件一般的家庭乃至贫困户也愿意出钱出力，每家每户每个人都能在望果节的活动中找到力所能及和受益匪浅的参与和回报，整个村落因此而凝聚起来了。

曲林村的望果节经过两天的祭祀仪式后，是为期三天的文娱活动。今年，开场表演依然是传统藏戏，村里请来了堆龙县的藏戏队，表演八大藏戏之一《卓娃桑姆》。舞台上鼓钹热闹，老人们虽对藏戏情节了然于胸，但每次温故，仍沉浸其中，目不转睛地观看台上的表演。对成长在电视和网络时代的青少年而言，参与的每一次传统节日，都是对民族文化的学习和实践。经常可以在望果节看到这样的场景：父母或爷爷奶奶带着幼童在看戏，长辈为小童耐心地讲解方才传出急促鼓钹声的原因、出场的人物分别是什么角色、那个戴着牛头面具的演员为什么抓住了国王，或者旁白中佶屈聱牙的词汇是什么意思……

村委会的院子四周挤满了由村民自发搭建的帐篷。中间的空地上，人们三两成团地面对舞台坐着，面前摆着各家的糌粑、奶渣、酥油茶、青稞酒、风干肉和其他零食。

大家一坐就能待上一整天，时不时相互斟满杯子，情绪随着戏剧情节而起伏。坐在帐篷里的人更多的心思在喝酒，他们端着酒杯随意"串"到任何一个帐篷里，享受主人热情的招待——就着主人的祝酒歌先喝上三杯，喝到酒酣处，歌舞也就自然地流淌出来了。

照顾了中老年人的娱乐口味，也要兼顾年轻人的喜好，所以，望果节的第四天安排了一整天的流行歌舞表演。今年，曲林邀请了尼木护路队的业余表演队来演出，但去年可是请到了当地小有名气的年轻歌手和组合，在整个县城的姑娘小伙当中引起了不小的轰动，歌舞随着现代便捷的通信手段传播出去，让那些没来得及赶回去的人颇为眼热。

望果节的最后一天，全村人会在村委会聚餐，也有家庭邀请亲人到家里做客。舞台上的歌舞表演依然在继续，但已经成为助兴的背景音，大家跳舞、唱歌、喝酒、拔河、射箭……一片欢腾，有800多人参与其中。至此，为期五天的望果节落下帷幕，成为曲林村又一年的夏日回忆。

该收获了

望果节的狂欢之后，正式进入收获的季节。

每到夏季，在雅砻河谷一带，印度洋的暖湿气流沿雅鲁藏布江北上，随着海拔攀升，最终被冈底斯山挡住，于是只能转头拐向山南谷地，在这里与雅拉香布雪山的冷空气相遇，很容易形成雷雨、冰雹等自然现象。对农业生产而言，这些都是巨大的灾害。据

《苯教历算法》记载，公元一世纪，在藏民族的发源地山南雅砻地区，藏王布德贡杰的贤臣茹来吉已经带领雅砻部落开始了垦荒耕作、兴修水渠的活动。面对冰雹等会破坏作物的极端天气，苯教咒师教导农人在庄稼成熟之时绕田转地，祈求神明赐福，护佑庄稼丰产。这正是望果节的由来。

青藏高原自然环境严酷，威严绵亘的峰峦叠嶂，横流竖奔的江河湖水，蛛网般密集的沟涧峭壁，还有变幻莫测的风云气象，让藏地的山水都成了神话，这片土地好似连空气中都遍布着生灵，人们只有与山川对话，才能不孤寂地活下来。当地村庄布满了各类地方保护神，这些神灵驻守在村庄的地界中，时刻保护着村庄免受不祥之物的侵扰。

所以，望果转田的路线不仅包括农田，这些神圣的地界也都涵括其中，于是形成了一个以村庄田地为中心，各个地方保护神的神垒为点，联结而成的神圣空间，将"央"聚集在其中，保佑村庄多福丰产。"央"是藏族地区前佛教时期的"万物有灵"信仰，如果土地失去了"央"，就会变得贫瘠，谷物歉收，故而，传统的望果仪式最主要的目的就是召回青稞中流失的"央"，建立一个具有保护防御功能的空间。

西藏自古便是一个多元文化的交流之地，望果的传承受到文化碰撞的冲击，在不同的历史阶段中烙上了相应的时代印迹。望果仪式产生于苯教的宇宙观，是一种"央博"（招福）仪式；到八世纪后期，宁玛教派乌坚白玛当权后，望果仪式增添了宁玛符咒的色彩，开始通过念咒保佑丰产；十四世纪后，格鲁派成为主要教派，许多地方的望果活动随之加入了举佛像、背佛经、念诵格鲁派经文等内容；而到了近代，望果已变成乡间娱神娱人的庆祝节日，融合了赛马、射箭、拔河、藏戏、歌舞等活动，甚至增加了用青稞、麦穗和哈达扎成丰收塔作为固定装饰的仪式，更具娱乐性和观赏性。

尽管西藏各地的望果仪式过程一直处在流变之中，但其中绕田地转圈（"果"）和祭祀神灵的内涵始终不曾改变。苯教关于宇宙起源的神话中描述过很多与"果"有关的内容，比如苯教经典《什巴卓浦》讲述道，赤杰曲巴法师收集了5种本原物质，从中造出热火和冷风，风火相激，产生了露珠，露珠上形成土粒，堆积成大山，继而形成了世界。在这些关于世界起源的神话中，万物的演化最终都导向了同一个结果——新事物的产生，望果仪式正是这种"果"与"生"观念的逻辑关联在农业上的呈现。

望果节过后，人们要收获庄稼，大地因此受到了破坏，但经过短暂的沉寂休养，土地又将重新萌发生命。自然四季往复，收获并不是休止符，因为人们知道，春天和新生都会再次来临。

阿吉拉姆，
来自雪域的祷祝

撰文
萍措卓玛

摄影
樊觅韵 等

依稀记得小时候去罗布林卡过雪顿节，远远就能听到打鼓敲锣的声音。人们在夏日的草地上野餐看戏，藏戏表演者在中间，环绕在最近处的永远是端坐在席子上的戏迷老人，他们或聚精会神看戏，或闭着眼睛听戏，若某个演员说错了台词，还会默默纠正。

藏戏，作为一种在平地或广场上表演的戏剧，与观众有很强的互动性，人们会沉浸、参与到情节变化之中。当某个角色身陷图圄、遭遇困境，观众会发出"阿滋滋"表达怜悯的声音；当某个角色开玩笑插科打诨时，全场爆发出笑声。藏戏没有太多舞美和道具，如果想表达一座山被移到了彼岸的情节，藏戏演员会用手部动作的指向来示意，观众也很会意地看向所指处。藏戏无疑创造了一个想象与现实交汇的时空。

因为藏戏唱词有很多虚词，绝大部分观众都听不懂，尤其是如今一年只接触一两次藏戏的年轻人。虽然容易在剧情理解上产生困惑，然而对童年的我而言，华丽的戏服头饰、连绵起伏的音调，还有各种神灵鬼怪的面具，仍然能勾起浓浓兴趣和无限浮想。藏戏故事多围绕着佛经典故展开，人们观看藏戏不仅是消遣娱乐，也是精进佛法的一种途径。藏戏如同活起来的唐卡，将一个个平面故事变得立体生动。

源于乡土与民间的藏戏

西藏民间传说中，在 14 世纪，藏传佛教噶举派云游高僧唐东杰布创建了现在我们口中的藏戏。其实，与其说是他创建了藏戏，不如说藏戏在唐东杰布时期得到了迅猛发展。传说中他不仅佛学造诣高，还心系民间疾苦，在世俗眼里是热爱歌舞、离经叛道，又有大成就的"疯"僧。

据《唐东杰布传》载，他主持修建的铁桥、木桥数量达上百座，建造的码头渡口也有一百多个。14 世纪初，唐东杰布在云游途中主持营建了西藏第一座铁索桥，在建桥过程中，他发现修桥的人中有七个能歌善舞的姐妹。于是，他便在原本比较简单的白面具戏基础之上，吸收佛经传说和民间故事中带有戏剧元素的内容，编排成节目，并设计唱腔动作和鼓钹伴奏，指导七姐妹演出，借以宣传佛法，为行善修桥募集资金。他开创了一种为修建土木工程进行民间募捐的方式，在所到之处为修桥筑路而培养一个当地藏戏班子。待桥修好后，这个藏戏班会在特定时间进行表演，为桥梁的后续维护继续募资。

在塔荣村的尼木河上也曾有这么一座传说为唐东杰布所造的铁索桥，这是塔荣藏戏团引以为傲的历史，桥上挂满了人们奉献的吉祥哈达。尼木的藏戏团又叫"尼木巴"，成立于公元十六七世纪，18世纪在塔荣村形成了较为成熟稳定的藏戏班。自19世纪开始，塔荣藏戏团开始固定地去拉萨雪顿节参与表演。

西藏的藏戏主要分为白面具戏和蓝面具戏，以首先出场的人物"温巴"（意为猎人、渔夫，是公认最早的藏戏剧目之一《诺桑王子》中的角色）所戴的面具颜色作为划分标准。尼木塔荣藏戏属于白面具藏戏，其舞蹈节奏欢快，唱腔高昂，不时带有动物的吼叫声，蕴含着浓郁的原始文化特性。目前，白面具戏主要分布在山南地区，以乃东县和琼结县宾顿巴藏戏为代表，后来传至尼木、拉萨等地。白面具戏历史悠久，情节简单，被认为是藏戏的雏形。

蓝面具藏戏是表演艺术最成熟、传播范围最广的藏戏剧种，由白面具藏戏发展而来，剧中人物角色丰富，唱腔舞蹈形式多样，并逐渐发展成为"温巴顿"（开场）、"雄"（正戏）、"扎西"（祈福）的三部结构模式。蓝面具藏戏的出现，也意味着藏戏脱离了纯仪式性的"温巴顿"，成为成熟的有正戏剧情的戏剧形式。

白面具藏戏的开场角色叫"阿若娃"，即带着白色羊皮面具的白胡子老人，后效仿蓝面具藏戏，将其改称为"温巴顿"，也用来统指藏戏开场表演，"顿"意为"驱赶"。

白面具藏戏表演用时不长，也只有三个人物，但它是开场戏，其重要性不言而喻，每年雪顿节若没有白面具戏演出，所有的藏戏表演都无法开演。表演中按顺序出场的三个人物为"温巴"（猎人、渔夫）、"甲鲁"（王子）和"拉姆"（仙女）。

第一顿为"温巴"净化和征服大地。舞台上有5～7位"温巴"，他们身着黑白氆氇制成的藏式短上衣，加套蓝白相间的坎肩；下衣是黑布灯笼裤，腰带上系有一圈黑、白两色粗布绳穗"贴热"；脚上是工布牛皮彩靴，鞋帮色彩鲜艳。甫开场，表演者绕着场地缓步行走，手拿彩箭指向大地，戏师不停高呼；随后，所有人开始旋转并加快步伐，意为踏平大地，驱除障碍。

"温巴"的作用是驱散不祥之物，而"甲鲁"则主要肩负着赐福的责任，身为王子，他们的舞蹈动作谨慎而庄重。在第二顿"甲鲁赐福"中，年迈和年轻的两位"甲鲁"演员头戴竹圈帽，用红白绸布条裹缠在圆形竹圈上。戏服形制从吐蕃时期王子的装束发展而来，大衣里为坎肩，外套一件腰间不系带的彩虹条色十字图案氆氇敞褂，下衣为黑色百褶裙。"甲鲁"在此赞颂佛陀高僧以及唐东杰布，也会表达他们表演时愉悦的心情以及对家乡的赞誉。

最后一部分是"拉姆"歌舞。仙女"拉

藏戏被誉为藏文化的"活化石"。西藏藏戏是藏戏艺术的母体，通过到卫藏宗寺深造的僧侣和朝圣的群众，远播青海、甘肃、四川和云南的藏语地区，形成不同戏剧分支。尼木藏戏属于历史最悠久的白面具戏，唱词多为虚词，是藏戏中最具仪式性的部分。

摄影／平措旺堆

姆"首服由五佛冠和两侧彩虹条纹扇形装饰物两部分组成。五佛冠一般由刻有五方佛的五个小纸板连缀成半圆组成。仙女服过去为五件不同颜色的绸质衬衫，并将其五色领子全部外翻；现在演出只穿一件衬衣，但将其领子配成五色。下衣内为衬裙，外系邦典（围裙），全身加套一件彩虹条色氆氇和蓝绿花缀带相间的无袖长褂。几位"拉姆"在台上按顺时针方向绕台行走，舞蹈动作优雅大方，在猎人净化舞台、王子结束赐福后，仙女们通过歌舞，庆祝整场表演顺利进行。

从佛教意义上来讲，演一场"温巴顿"就是进行了一次"祈福仪式"。因此，如今的塔荣藏戏团除了参加各种节庆表演，也会受邀到一些机构的开业仪式上表演，这既是戏团的额外收入来源，也是民众喜闻乐见的一种带吉祥祝福意味的演出形式。

和属于戏院的戏种不同，藏戏来自民间，与农耕文化、乡土生活关系密切。塔荣藏戏团成员平日在村子里都是普通农民，藏戏的传承多是靠言传身教，所以演员对剧目和表演的掌握多来自平日生活中的磨炼。藏戏表演的时间也与农区的生产节历密不可分，一般在庆祝庄稼收割的丰收节、藏历新年，以及各种祭祀庆典时进行。

藏戏表演不在特定的舞台之上，而是采用一种与观众在同一平面的广场式表演形式，因此，观众的互动和参与格外重要。研究藏戏颇有造诣的藏族学者桑东博士引用了他的导师伊丽莎白的一个论断向我解释藏戏的本质——"藏戏是大乘佛教哲学与农民戏剧的结合"。

濒危到复兴：从民间团体到体制化的过渡

最隆重的藏戏表演时刻是有 600 多年历史的雪顿节，被誉为一年一度最盛大的"藏戏艺术节"。

雪顿节在每年夏末秋初，青藏高原夏日短暂，所以人们格外珍惜转瞬即逝的夏日时光，在雪顿节观赏藏戏，享受户外时光。旧西藏噶厦政府有专职的部门以固定模式安排和管理雪顿节期间的藏戏演出，这种形式始于爱好藏戏的十三世达赖喇嘛时期，其时，整个西藏地区有 10 ～ 12 个表演团队每年按时到拉萨献演。

历史上一直存在权贵家族支持艺术表演的做法。于权贵而言，艺术表演除了是娱乐消遣和社交活动中的热门话题，也是贵族家庭软实力的竞争指标。就这方面而言，藏戏也不例外，塔荣藏戏团在旧西藏时的日常排练就由位于尼木河边的贵族恰果庄园资助主导。

每逢去拉萨之际，戏班成员赶着驮了各自行李的驴子，一路借宿沿途的富裕家庭，偶尔也会在主人邀请下进行表演，换得食宿。从塔荣到拉萨，需要走一个月左右。到了拉萨，戏班先去如今的拉鲁湿地，驴可以放到水草肥沃的地方任意吃草，戏班也能得到丰盛的食物。演出结束后，地方政府官员为团体里的每位演员一一献上哈达，并赠送糌粑、砖茶、酥油等食物作为报酬。在罗布林卡的演出结束后，藏戏团可以各自前往拉萨城内的私人家院或寺院做简单的表示吉祥祝福的歌舞表演，以增加团队收入。

↑　"甲鲁"是"温巴顿"中的王子。在
　藏戏中出现的王子通常指诺桑王子，
　因此，这一角色都具备赐福的能力，
　有庄重和高贵的气质。王子的扮演者
　也必须有慈悲心肠。供图 / 尼木县委
　宣传部

↓　"拉姆"是藏语"仙女"的意思。据
　传，当年由唐东杰布编排、七位姐妹
　出演的歌舞表演，深受当地民众的喜
　爱。表演者舞姿婀娜、唱腔优美，被
　赞誉为从仙界下凡的"拉姆"。
　摄影 / 索朗多杰

恰果庄园和拉萨当时最有威望的夏扎家族关系密切，藏戏团的戏服、面具都由夏扎家族出资制作和保管。因此，来自塔荣的尼木巴藏戏团也得到了强有力的支持，能够在竞争激烈的雪顿节作为开场戏班出场演出，据当时参与过表演的老人回忆，他们在拉萨时也曾到夏扎大院演出。

在现今塔荣藏戏团戏师桑珠的陪同下，我来到了恰果庄园所在的山脚。时光荏苒，古老的庄园如今变成了筑满鸽子窝的残垣断壁，取替了传说由唐东杰布修建的铁索桥的水泥桥上仍然挂满了寓意祝福的隆达。藏戏与这个村庄的历史记忆，仅存于一些老人家的脑海中，而年轻人已经甚少知道这堵断墙或是桥梁的意义。

20 世纪 50 年代，在当时的戏师诺琼主持下，戏班开始学习蓝面具藏戏表演艺术，诺琼是有记载的第二代戏师。在担任戏师的 50 多年里，他根据戏剧发展规律和观众审美需求的变化，把白面具和蓝面具藏戏艺术结合起来，逐渐形成了藏戏表演中独特的尼木巴流派，并能演出《诺桑法王》《卓娃桑姆》等完整剧目，推动了藏戏艺术的发展。因地处卫藏两地之间，其风格被誉为"非中部非后藏"的特点，唱腔上既有蓝面具的影响，身段上也有后藏风格的印记。

西藏和平解放后，尼木藏戏一直保持着民间组织的形式，没有体制化管理和固定经济收入，只能断断续续地存活着。随着生活方式的改变和娱乐活动的多样化，热爱藏戏的老一辈演员老去，这种古老的戏曲并不被年轻人所推崇。曾经鼎鼎有名的由 18 位男性藏戏演员组成的尼木巴戏班，在 2011 年

参加为数不多的藏戏活动时，仅剩 5 位演员，尼木藏戏一度处于濒危状态。

2012 年，尼木县组建了由当地年轻人组成的民间艺术团，拉萨市非物质文化遗产办公室为了保护尼木藏戏，专门聘请了全区的老藏戏演员到艺术团教授和参与藏戏表演，此后，尼木县的民间艺术团成了一个机构、两块牌子——既是表演藏族歌舞的民间艺术团，又是传承百年尼木巴藏戏文化的戏班；既要完成每年 60 场下乡慰问演出任务，又要在传统节日表演传统藏戏。

藏戏的代代相承

说到尼木塔荣藏戏，不得不提的一个人是第五代戏师欧罗巡巴。他小时候没有正式得名，"欧罗"是藏语"孩子"的意思，因为他在家里三个孩子中排中间，就叫"欧罗巡巴"。戏师是一个藏戏班子的灵魂人物，除了是最有才华的藏戏演员，也要统筹戏班的各种日常事务细节。"他回去了"是大家对于这位老人已不在人世的表达，从这个微妙的对于死亡的形容，也能看出藏族归宿往生的生死观。我采访的所有人都会提到这位已故的老人，戏班的今天展现着他留下的不可磨灭的影响。

欧罗巡巴生前是尼木藏戏的国家级代表性传承人，听说老人家有着和白面具一样慈祥的白发白胡，眉毛却是纯黑的，声音特别好，不需要扯着嗓子就能展示洪亮的歌喉。他从小热爱藏戏，当时，藏戏演员由恰果庄园的老爷们挑选，他为了能够当选，甚至深

传说白面具藏戏的主角"温巴"居住在靠湖的山林里，所以既是猎人，又是渔夫。白面具戏没有唱本，传承依靠口传身教，所以，藏戏团的戏师是灵魂人物，肩负着承前启后的责任。尼木塔荣藏戏团现在的戏师是桑珠，年龄不大的他却有着成熟稳健的台风，由上一代戏师欧罗巡巴亲自选出。

夜到庄园的山坡上祈祷。

来到民间艺术团后，老人家并不为年迈所累，每天从早到晚积极张罗戏团的学习排练，从来不错过任何一次演出。藏戏表演的时间从几十分钟到几个小时不定，藏戏面具看似轻盈，实际上由羊皮制作而成，加上各种装饰也略显沉重，老人家表演时经常气喘吁吁，汗流进眼睛，刺红了双眼，却仍在舞台上表现得神采奕奕，完全不亚于年轻人。

当时，欧罗巡巴的两个儿子也在父亲的影响之下开始学习藏戏，一个打鼓，一个敲钹。可是，在2014年，老人家却做了一件令人惊讶的事情——他把戏师的身份及第六代塔荣藏戏传承人的名号，没有任何私心地传给了自己的得意门生，当时年仅19岁的桑珠。声音洪亮、口齿伶俐、记忆力好以及人格品性都是欧罗巡巴选择下一代戏师的标准。

2015年春节的拉萨市藏历新年晚会，是塔荣藏戏团第一次登上新年舞台。他们编排了一台别具意义的节目——老人和男孩分在舞台一角共同颂起传统祝词，老人手中拿着一张面具却没有着戏服，只是穿着背上有象征长寿的日月符的白色氆氇藏袍。老人结束念诵后，把手中自己用了一生的面具郑重地交给了男孩，然后慢慢退出舞台，意味着他将戏师的身份正式传给男孩，而自己的藏戏生涯将告一段落。

欧罗巡巴于2018年离世，直到去世前，他一直在用生命演绎藏戏，很多人都说如今桑珠的声音和表现，似乎能看到欧罗巡巴的样子。

在哥哥结婚离开戏团后，欧罗巡巴的小儿子普次仁独自承担了乐师的工作，左手敲钹、右手打鼓。他对父亲将戏师身份传给桑珠并无怨言，对父亲的想念时时刻刻萦绕在他心头，"即使现在看当时的录像，听到父亲的声音，还是会很心痛"。在父亲去世后，按照藏族习俗，家里请僧人占卜，得知父亲的心识依附在门口黑色行李箱里的彩色衣服上，普次仁打开行李箱后发现那是父亲的藏戏戏服。因为那时桑珠已经是塔荣藏戏团的台柱子戏师，普次仁便把这套衣服送给了他。虽然在藏族习俗中，人去世后的衣物不能再穿，但因为这套衣服寄托着老人对藏戏的热爱，桑珠也经常在表演时穿着这套戏服。

如今，塔荣藏戏班有24位成员，平均年龄仅20岁出头，其中年纪最大的58岁，是从曾经的老藏戏团随欧罗巡巴一起加入到歌舞团的小普琼。从曾经的藏戏班子到现在这个年轻的团队，普琼见证了这些年轻人如何通过自身努力得到戏迷们的认可，以及逐渐有能力完整地演出传统藏戏剧目的过程。

"刚开始，年轻人都不太乐意表演，因为藏戏比歌舞团平日的唱歌跳舞要枯燥，而且强调对细节的雕琢，大家后来逐渐感兴趣了，是因为感知藏戏传达的佛法教义能够让村民受益，改善民风。"戏班里的年轻人不仅在工作时间认真练习，回家也反复听老师的录音，跟着学唱。普琼小酌着青稞酒，给我唱了一段，白面具唱法的颤音比蓝面具微弱，一般仅在一句唱词的前后有不明显的震颤，他悠扬但略沙哑的声音似乎让我在那个午后产生了一种穿透时光的恍惚感。

藏戏虽然在传说中有能歌善舞的七姐妹参与，但事实上，女性演员却是直到近代觉木隆巴出现以后才加入到藏戏中，男扮女装很正常，演技高超的藏戏演员能够通过演绎，表现出明显的女性特质。

曾经的尼木十八杰也是男扮女装饰演其中的女性角色，如今在歌舞团，桑珠仍会扮演《卓娃桑姆》里国王妻子一角。因此，当听说有一位曾经在藏戏里把一个角色演得栩栩如生，直到现在大家仍用角色的名字称呼她为"朗萨姐"的次仁曲珍时，我期待了很久。

她对我们的拜访很惊讶，因为她离开戏团已经很多年，上一次参演还是 2012 年雪顿节表演时因人数不够而去救场。和她同期于 20 世纪 70 年代加入戏班的第一批女演员，都因怀孕生子或远嫁他乡离开了戏班。她从 15 岁开始学习藏戏，当时能够加入戏班，现在看来也是很勇敢的举动。我请求她为我们唱上一段，但她羞涩地拒绝了，理由是已经忘记戏词了。我们离开时她说要开始准备晚餐，但我相信她洗菜时也会哼唱那些曾经酣畅淋漓地演绎过的歌词，并时时回想起那些在台上的美好时光。

藏戏的未来：承继唐东杰布的创新

尼木县民间歌舞团的练功房就在县文化馆的小楼里，一楼是放置戏服的仓库，二楼是排练厅。桑珠作为现在的藏戏团戏师，负责管理整个队伍，24 岁的他脸上丝毫看不到年轻人的迷茫，取而代之的是一股对责任的坚定和信念。桑珠的声音有不符合年龄的低沉，或许这也是为何总有人说他和欧罗巡巴相像的原因之一。

桑珠小时候就喜欢唱歌，每天天还未亮就哼着歌去上学。初中毕业后，他考上了拉萨的一所高中，但因为父母身边仅有自己这一个孩子，而年迈的父母不能再像往日一样务农，便为了分担农活辍学了。他为此闷闷不乐了很久，当时能给他慰藉的就是音乐。

2012 年，县里组建民间歌舞团时，他跃跃欲试，结果却是父亲被招募成为藏戏演员。后来父亲因故退出，桑珠才接替父亲加入了歌舞团。因为努力且有天赋，成为戏师后责任也越来越大，家人开始认可并祝福桑珠的追求，不再留他在家帮农。

我们坐着被桑珠戏称"尼木仅一辆"的迷你电动车出发前往他家，他在车里放了各种彩色装饰品，车前悬着的一个白面具车挂，车后挂着各种藏戏玩偶，可以看得出是个热爱生活的人。藏戏以最真实的方式融入藏戏演员生活的方方面面，也给予了他对自己身份的骄傲自信。桑珠的家离歌舞团也就 20 分钟车程，平时，他会和妻子在午休时买菜回家与父母共进午餐。桑珠的母亲几年前生了一场大病，那之后父亲一直照顾她，这也是父亲退出藏戏团的主要原因。

一进桑珠家的门就能看见里屋墙上挂着的藏戏面具。桌子上的一张照片首先吸引了我的注意力，那是一张父子合影，是桑珠刚成为戏师时拍的，父子二人都身穿隆重的戏服，气宇轩昂。桑珠说父亲从来没有错过他任何一场表演，是他最忠实的观众。然而，父亲对儿子有更高的要求，经常对他的不足进行严厉指正和批评，二人也时常因为对藏戏的不同理解陷入认真激烈的小争论。

从桑珠到他哥哥、父亲、祖父、曾祖父，

↑ 普次仁是尼木塔荣藏戏团的乐手。藏戏表演中只有简单的鼓钹伴奏，乐手左手敲钹、右手击鼓，用节奏随情节带出紧急、舒缓、愉悦、悲伤等气氛。

↓ 藏戏团的成员除了学习和排练藏戏之外，平日里也要勤练歌舞，完成下乡慰问演出的任务。大部分成员年龄都是20岁出头，是一个活泼有朝气的团队。

四代五人，都是塔荣的藏戏演员，令我惊讶的是他们作为演员的功力极少直接来自父辈教授，而是加入戏团后才开始向师傅学习。和职业戏曲演员不一样，他们虽是演员，但一年里更多时候的身份还是农民，忙于农活和生计。普琼依稀记得，自己小时候家里生活贫寒，连火柴都没有，每天早上想要喝口热茶，就要四处张望谁家升起了炊烟，再去借火。当时，他的父亲每年外出表演藏戏之后，是家里伙食最好的时候，藏戏表演对收费并不会明码标价，但观众会主动献上供养品，演员们能够因此分得粮食、肉和青稞酒。

对藏戏的热爱并没有被生活的苦难浇灭。在农闲排练时，戏师首先根据演员的特色分配角色，亲自传授每个角色的唱腔、道白等。"以前，我们经常是干着农活，脑海里全是前几天练习的唱腔，会一不留神大声唱出来，真的是醒了、睡着都在想着藏戏。"

直到现在，藏戏仍是普琼生活当中重要的一部分，除了不错过儿子的每一场演出，他在家里心情好时也会不自觉地哼哼旋律。普琼说，前两年他在罗布林卡看桑珠的雪顿节表演时，会暗自替他捏把冷汗，但到了今年演出时，台下戏迷们都对桑珠张弛有度的表演赞不绝口，他觉得儿子已经非常成熟了。

桑珠家里还保存着一副自曾祖父一代传下来的颇有年代感的"阿若娃"白面具，由白山羊皮制成，周围用山羊毛装饰，面部上方的白羊毛当作白发，下方的作胡须，额间有日月图案。有传说认为，白面具从头发到胡须皆按照藏戏鼻祖唐东杰布的模样设计而成。也有另外一种解释认为，这种吉祥老人的意向是泛喜马拉雅文化中一个寓意生存繁衍的符号。对比现在，过去的面具更小，在羊皮上覆盖的面料也不一样，近年来面具变大似乎是种趋势，可能是为了增加视觉上的震撼感，却也无形中增加了藏戏演员的负担。

如今，作为同时练习歌舞表演和藏戏表演的尼木民间歌舞团，演员们从民间节日演出中得出了很直观的感受——歌舞比藏戏更受欢迎。所以，每次演出，他们的节目多会安排成半天歌舞、半天藏戏。藏戏在西藏民间从曾经众人同乐的表演形式成为如今仅有少数人感兴趣的门类，如何让藏戏被更多人所理解和接受，尤其是让年轻人拾起兴趣，这些都是藏戏从业者所面临的共同问题。

藏戏是高僧唐东杰布创新的一种歌舞戏剧形式，在历史进程中不断变迁演进。在拉萨，现在已经有年轻的文艺工作者在创作包含藏戏元素的儿童剧、歌舞剧，甚至歌剧，这些都将是藏戏改革浪潮中的尝试，令人期待藏戏根据时代特点进行的探索和创新，期待它如何保持和传承唐东杰布赋予藏戏的生命力。

藏戏的情节均在讲述菩萨的正信正行，所以表演不能在世俗场景下进行。白面具戏作为开场表演的目的是设置一个神圣空间，通过"净化大地""赞颂圣人"和"祈祝顺利"的表演内容，引领观众进入藏戏的神奇世界。

藏戏中使用的一鼓一钹是藏族最重要的打击乐器，应用甚广。在古代，鼓不仅用于祭祀、乐舞，也是打击敌人、驱除猛兽的号角和武器，还是报时、报警的工具。藏族地区民间广泛流传着"鼓声震碎积灰尘，罗刹击鼓祭图腾"的故事，击鼓而舞是宗教仪式，鼓自身也是宗教音乐中的乐器、舞蹈中的道具。

塔荣镇雪拉村有多年来坚持制作手工鼓的一家人。洛桑旦增2014年成立了雪拉传统藏鼓手工制作合作社，产品除了供应家庭，主要销往各大藏戏团、寺院以及拉萨的工艺品店。今年43岁的旦增出身于藏鼓世家，从父亲噶伦那一代开始以造鼓为业，如今儿子色曲多吉也接下衣钵。作为合作社的带头人，洛桑旦增积极地投身市场经济之中，他们创新研发了迷你鼓等旅游工艺品，来拓宽这项传统手工艺的市场。

藏鼓制作是一个专业程度很高的工艺，难度虽然算不上大，但步骤多，精细而繁复。鼓的大小、样式和选材，以及鼓面的彩绘和装饰，都融入了藏族的宗教信仰和审美艺术。比如寺院用的大鼓，外形圆润敦厚，鼓面质拙深沉，体现出了"圆通无碍"的佛教哲学。

制作一面最常见的家用柄鼓，一般选用材质坚硬又比较常见的拉萨本地藏白杨。根据所需鼓的大小挑选木材尺寸，将木头砍成方形后，再刨削成曲面木块。接着以圆形模具作底，固定好用胶粘连起来的曲状木块，外用牛皮绳捆绑鼓架，让木块之间黏合得致密结实，最后在鼓内缘上下分别钉好细木条，以保持圆鼓的形状，每一个鼓内都会贴上经文祈福。细细打磨鼓侧和内里之后，缠一圈纱布，就可以上色、绘图了。

鼓柄需要单独制作，再与鼓身黏合衔接起来，这是展现木匠功力的一个环节。为了美观，鼓柄多会用简单的浮雕分割出手柄的比例，饰以莲花、浮云、吉祥结等纹样。所以，制作鼓柄时，除了手锯、木刨、锉刀、铁锤、木工尺，最常用的工具是各类尺寸的平凿，刻、旋、削、磨——能满足纹饰雕刻的所有需求。

最检验鼓的质量和鼓师技巧的步骤是最后的蒙鼓面。鼓面选用韧性极好的牛、羊皮。选皮的首要标准是皮质新鲜、有光泽，毛多而密，最重要的是，内层不可有刀伤或其他损坏。鲜皮首先需经过硝皮处理，以保持质地既韧又柔。在水里浸泡透彻后才能使用，寺庙大鼓用的牛皮要泡20余天，普通鼓多用羊皮，需泡5～7天。用牛皮绳把湿皮固定在鼓壳上，制鼓师傅根据多年经验，把握着牛羊皮扩张的规律，过紧的鼓面容易坏，太松会导致鼓声沉闷。贴好鼓面，再晒2～3天，进行最后的修剪，细致地熨平，一副藏鼓就制作完成了。

一开始，噶伦一家只做素面鼓，因为彩绘需要更专精的技巧。孙子多吉出于爱好和责任专门去学习绘画，从此噶伦一家做的鼓更完整精致。藏鼓的主体以红色和金黄色居多，鼓面则以牛羊皮原色，或染成红、绿、金黄色为主。鼓侧的彩绘图案多为苍龙、莲花、吉祥八宝、吉祥八物等藏族传统图案，祈愿吉祥平安随着每一声鼓鸣，传遍四方。

鼓柄制作不算难，仔细雕琢却极度考
验耐性。鼓柄一般由洛桑旦增完成，
他在制鼓之余，对木工最有研究。

藏鼓制作最难的环节是蒙鼓面，鼓皮
的紧致程度决定了鼓内共鸣的质量。
这个环节多由经验丰富的噶伦把控。

色曲多吉负责绘制鼓身和鼓面。旧
时，绘鼓使用矿物颜料，颜色经久不
褪。现在也可用丙烯颜料，在图案上
均匀地涂一层清漆，也能保持多年。
供图 / 尼木县委宣传部

赛马盛会，
马背豪情

撰文
罗珍德吉央宗

藏族有句谚语说"赛马要在平坦的草原上，英雄要在烈马的背脊上"。善骑好武的藏民族，曾有过广拓疆域的历史，自从佛教传入吐蕃后，吐蕃人开始从剽悍刚猛，逐渐走向笃实从佛之路。作为练兵备战的赛马竞技，也渐渐演变成纯粹以敬神、娱乐为目的的民间活动。藏族人民把马、牛、羊合称为"高原三宝"，藏族地区敬马、养马、驯马、赛马的历史悠久。马是远行的重要交通工具，嫁娶时骏马要相伴而至，祭祀中马是寄魂物，藏传佛教中马是吉祥的神灵，节日盛会上赛马是主要的活动……马在藏民族的生产生活中始终扮演着举足轻重的角色。

琼穆岗嘎脚下的高原之宝

藏族赛马有着悠久的历史和动人的传说。一千多年前，鲜为人知的觉如，骑着他的宝马良驹江噶佩布通过赛马夺取了岭国的王位，娶得遐迩闻名的美女——迦洛·森江珠姆，成为名震草原的格萨尔王。为了纪念格萨尔王，西藏所有牧区每年夏季举行盛大的赛马节，进行赛马、歌舞、乘马射击、拾哈达等各种文艺表演和体育活动。

西藏的马并不高大威猛，尤其是圆鼓鼓的肚皮衬得四肢有些短小，但是这种马的心肺功能发达，血液里的红细胞数、血红蛋白都高于平原地区的马，适合在高原上奔跑驰骋。一匹马每天可以驮着 60 千克的重量走上 30 千米；在赛马节上，最快的马跑 1 千米只需要 1 分钟。对生活在雪域高原的藏族人民来说，马是他们沉默而可靠的伙伴，也是雪域生命力的象征。

赛马，藏语称"达久"，意为挑选马匹。尼木的麻江乡以放牧为生，曾经大多数人家都有 2 ～ 3 匹马。据琼穆岗嘎雪山脚下的朗堆村的老人回忆，麻江传统的赛马会在 20 世纪 40 年代就很盛行，在每年八月一日左右，牧民自发地在八一"塘"（藏语"平地"的意思）聚集进行赛马、拔河、朵加（抱石头），那时候赛马规模比较小，除了是牧民的娱乐活动，更多的是商品交换的场合。

牧民需要用畜产品、猎物、皮毛、手工制品等物品换取农区生产的糌粑、茶叶、盐巴及其他生活用品。游牧的麻江牧民居无定所，不可能随时与农民进行物质交换，而且每户牧民都有独立的牧场，各户之间的距离比较远，需要统一的时间进行交易。于是人们便选择在水草丰盛的七八月份，进行一场大联欢，既是物资交换，也是社会交往。

随着现代经济的发展和冲击，养马的牧民越来越少，但新时代也为传统的赛马赋予了新的意义。从 2013 年开始，麻江赛马节正式命名为琼穆岗嘎赛马节，变成了一个展示尼木文化的综合旅游节。乡长郎杰平措负责了多年的组织活动，他见证着赛马节发展得越来越成规模，今年共有 60 匹马参赛，赛事项目也在传统赛马会的短跑项目上增加了中长跑、走步和马技（骑马捡哈达）。

随之变化的还有牧民养马的条件。家族世代养马的贡布，家里的马厩经历了露天、帐篷，到如今石砌房子的变化，石马厩的房顶还盖着 PVC 透明塑料板，不仅耐寒保暖，还能防紫外线。唯一没变的是赛马时牧民与马的关系——亲密无间的伙伴。

训马备战，蓄势待发

生活在草原上的人深知一匹好马意味着什么，因此都有着丰富的相马经验。麻江的牧民知道如何根据马的口齿、体型、毛质、步态等标准来判断马的品相。最上等的马是凤凰脸型，腿如牛腿，马蹄如木碗，毛粗且长似鹿毛。具体说就是四肢粗大、胸宽颈粗、尾骨短小、骨节圆而四蹄大的骏马是跑马之材。

赛马的优劣除了马本身的品种基因之外，也需要主人悉心的照顾和训练，包括每日饮马、供料、洗刷。扎西是朗堆村的驯马专家，他说平日的训练不仅是为了在比赛中拿到好成绩，也是为了全面掌握每匹马的情况。各家各户若在赛马节前买了新马，都要先与自家老马比赛几轮，在对比中能了解这匹新马体能与速度上的基本情况，再考虑今年是否让它参赛。对家里原有的马，也需要结合平日里训练的情况和往日取得的名次再决定是否调整今年参加的项目。

赛马节开始前的 40 天，循序渐进地驯马日程就开始了。在天还未亮的时候，扎西就会往马槽里添干草、麦秸等粗饲料，再加上最佳饮品——加了冰糖的山羊奶。凌晨喂马是为了避免赛马吃得过饱而变肥，一定不能给赛马喂精饲料，尤其不能吃油腻的食物。过两个小时，他会把马牵到草原上，训练赛马慢跑 15 ～ 20 千米。

马跑完后不能进食，而是进琼穆玛曲河里，浸泡全身，只让头露出水面。"大概一个小时左右，看到马的肌肉开始发抖，就要牵上岸来再慢慢走一会儿。"扎西说这样训练是为了增强马的耐力。差不多到余晖遍布山头的黄昏，让马吃些草料，稍作休息后，开始在家附近带着马进行走步训练。每日逐渐加量加时，扎西还会根据每匹马的强弱项，进行针对性训练。马当天的训练状态和洗冷水澡的时长有关，有经验的驯马人知道，如果马的状态不好，可能是洗冷水澡的时间过短，到第二天他们会让马在河里多泡一会儿。

集训则从赛前一周开始，练跑频率增加

赛马，是藏族节俗中最常见的娱乐活动之一。尼木琼岗嘎赛马节在麻江乡传统赛马会的基础上，于2013年发展成为综合旅游节。麻江牧民通过参与赛马盛会，既可娱乐身心、欢庆丰收，祭祀大地神和雪山神，同时也展现出了藏族男子的勇敢与剽悍。
供图/尼木县委宣传部

为上、下午各跑一次，沐浴后用羊毛毡裹好马身保暖。还有一个特殊训练是扎西从父亲那儿学到的——藏历十月、十一月和十二月的二十九这三天的上午，一定要牵马到河里洗冷水澡，泡过寒冬水后的马到了夏天赛马季奔跑的时候不会呼吸困难，耐力能得到很大提升。

每年七月底，选手和赛马在为比赛加紧训练的同时，麻江乡政府也着手为赛事进行准备工作。工作人员开始在琼穆岗嘎雪山脚下的草地上搭建用于招待宾客的牦牛帐篷，其中最大的那顶牧区特有的传统黑色牦牛毛帐篷是指挥中心，看起来十分气派，周围几顶印有吉祥结的白色夏日帐篷也很别致。空地的一角搭起了文艺汇演的舞台，商贩也早早来到了赛马场地，搭起摊位，清点货物。而参与的农牧民则以村为单位搭建各自的帐篷，招待远道而来的亲朋好友。

欢腾的赛马，流动的街市

八月的草原，牧草丰美，格桑花开得正盛，这是青藏高原最好的季节。八月一日这天，平日里分散居住在尼木各乡镇的农牧民都聚集到八一塘，甚至有从当雄、羊八井、日喀则专门来看比赛的人，其热闹程度不亚于新年，现场宛如一条"流动的街市"。

赛马前一天，牧民们把即将参赛的马清洗干净，在马背上安好精美的鞍具，还要给马额插彩花、脖颈披上彩绸、将尾巴扎梳成辫状，然后系上五彩的绸带，这些装饰让奔驰的骏马跑成一道道彩虹。正如藏族大学者

萨迦班智达所说"装扮坐骑岂不美于主人"，参加比赛的马匹装扮得漂亮，而骑士同样华丽，脚踩轻便的皮质马靴，身穿华美的彩衣或紧身服，再戴上红缨帽、大头帽或金花帽，背起叉子枪，显得格外俊俏潇洒。

今年，贡布13岁的二儿子旦增第一次参加赛马比赛，家里那匹叫"龙秀江波"的赛马已经17岁了，这匹名字意为"快"的骏马可是从2006年就开始参赛的老将，经验丰富。在出征前，贡布亲自为它套上铃铛、马垫、笼套和马镫，佩戴这些马具看起来简单，但必须一丝不苟，每一个绳扣都要结实稳妥，任何一个环节的疏忽都有可能给旦增带来危险。

和所有参赛选手的家人一样，父母为旦增和赛马献上哈达，祈祷好运连绵，预祝他们在比赛中取得好成绩。赛马正式开始前，僧人念经、牧民煨桑、向神山献旗、垒嘛呢堆、挂经幡等仪式，都寄托了众人对活动吉祥平安的祝福。骑手们骑着马，围着巨大的煨桑台恭敬地转上一圈，抛撒经文，默默祈祷。

每年有40～70匹马参加琼穆岗嘎赛马节，比赛为期三天。参赛骑手主要为15岁左右的孩子，超过19岁便不能参赛了。赛马必须是年龄在4～23岁之间的公马，这个年龄相当于人类的青壮年时期。

第一天的比赛项目是3.5千米短程赛，参赛的是年龄不大于5岁的马，第二天的比赛是8千米骏马赛，由5岁以上的马参赛。放眼望去，赛场上都是神色庄重地做着准备的选手：有的将头轻靠在马耳边，唇瓣的翕张中倾诉着只属于彼此的秘语；有的则围着马，对马垫、马蹄做最后的检查；有的

已经跳上了马，一只手牵着缰绳，一只手轻拍着胯下的"战友"……长期相处让人与马有着亲人般的关联；通过日常训练、参与赛事，在这样的关联中又成为共同进退的亲密伙伴。随着裁判员一声号令，骑手们一拥而出，奋勇争先，马蹄声中尘土飞扬，马在急速奔跑中张开嘴急促呼吸，马背上尚且稚嫩的双眼犀利而坚定。速度赛往往能得到观众最投入的欣赏，飞奔的骏马、矫健的骑手，紧张刺激的场面让围观游客热血沸腾。

最后一天是观赏性最足的马技比赛——骑马捡哈达。在30千米的赛道上每隔3米放上一条哈达，赛马时，骑手在疾驰的马上俯身拾起哈达，速度越快、得到哈达越多的选手获胜。赛马场内骑手扬鞭飞驰而过，尽情舒展身姿，骏马嘶鸣，彩旗飞扬，现场观众摇臂欢呼，既为惊险动作捏一把汗，又为出色完成任务的精彩叫好，这便是藏族血性男儿的马背豪情。

每个项目设置了15名获奖者。参加中程赛的龙秀江波获得了它赛马历程中的又一个奖项，那却是且增得到的第一个二等奖。

他同其他获奖的骑手、赛马绕场一周，一同接受观众的簇拥和欢呼，咧着嘴开心地接受大家献上的哈达，成年的选手还会满心喜悦地接过观众热情递上的青稞酒，一杯接一杯地下肚，他们宛若凯旋的英雄，很快便能名贯当地。

赛马节期间，每天下午和晚上都有各类文艺汇演，节目集合了拉萨朗玛、山南踢踏舞、日喀则扎念舞、康巴弦子舞、小品等，向宾客们展示着藏民族不同地域间文化习俗的差异。人们自发地在八一塘跳着锅庄，有时还不够尽兴的牧民也会自发组织赛马比赛，再跑上一两千米。孩童奔跑嬉戏，大人们举起手中的青稞酒唱着祝酒歌，远处是屹立的琼穆岗嘎雪山，静静守护着眼前这载歌载舞的欢乐氛围。

麻江乡的夏季，青碧草原上牛羊成群，万里蓝天下花香馥郁，涓涓流水伴着座座高山。当所有赛事落下帷幕，牧民们牵着马回归日常生活。此时，赛马节时为家、为村、为乡争取荣誉的马与人，退却了庄严，在生活的烟火中重回了气定神闲。

在这里，人与马的关系不仅仅是骑手与赛马的简单联结。马是藏人的亲密伙伴，从格萨尔赛马称王的传说中可窥一斑，在藏族的宇宙观中，人与动植物都是自然界中最珍贵的生灵。

摄影/胡成俊

高原形色，
穿在身上的历史

撰文
陈果

摄影
樊觅韵

藏族服饰文化是藏族先民适应自然、崇拜自然的过程中所创造出来的一种独特的高原服饰文化。尼木县虽隶属于拉萨市，但因为位于拉萨和日喀则之间，所以其服饰特色既借鉴了拉萨城市文明的精致考究，也从日喀则的能工巧匠中汲取了高明技艺；同时，尼木下辖的乡镇既有纯牧区、纯农区，也有半农半牧区，不同的生产生活方式直接影响着当地的服饰文化，呈现出鲜明的区域性特征，让尼木服饰既具有高原服饰的普遍特点，同时也独具自己的特色。

皮袍——传递着吐蕃时期的古老信息

麻江乡是尼木县内唯一一个纯牧业乡，高海拔、高寒的自然环境孕育了麻江乡有别于其他邻乡的牧区服饰特点。每逢八月，一年一度为期三天的琼穆岗嘎赛马节就在这里举行，在海拔7048米的琼穆岗嘎雪山脚下，村民们身穿节日盛装，成为赛马文化节上亮丽的风景。朗堆村牧民贡布的马连续两年在赛马比赛中获得了好成绩，他是一位优秀的驯马师，同时还有另外一个身份——裁缝。

麻江的传统服饰以皮袍为主，皮毛广泛应用于当地人的生活器具之中，这与藏族的游牧生活历史有关，广袤无垠的青藏高原决定了藏人长途跋涉的出行特点，这要求他们所有的物品都必须就地取材——他们穿戴的皮毛服饰的原材料直接来源于饲养的牛羊等，而且皮毛服装的防寒保暖效果也极佳，适应牧区高寒的自然环境。

贡布一边比画着他身上的皮袄，一边解释其中繁复的制作工序：首先将刚取下的羊皮浸泡在乳清和盐里，再将其晒干并拉伸。准备一个专用的竹锯，在羊皮的表面来回刮，留下特殊的痕迹，形成特有的纹理，锯齿需要经常打磨，以免损伤羊皮。在处理好的羊皮上画上裁割线，裁缝会将羊腿附近比较薄的皮去掉，只留下结实的部分，这样做出来的皮袍暖和且耐穿。最后是缝合羊皮裁片，过去传统的做法是用羊毛捻成的缝线缝合，现在也可用棉线代替。在缝合接缝的时候，肩膀等处裁片受力大的地方都在接缝里插入修剪完羊毛的光面羊皮条，用于加固接缝，防止由于皮袍太重导致缝合线裂开。缝合好

盛装打扮的德庆外穿藏袍，系着氆氇藏式围裙"邦典"，内搭右衽衬衣。藏装的内搭衬衣一般为原色棉布、丝绸、涤纶等质地。德庆戴的毡帽并不是传统藏帽，而是现在风靡藏地的"印度帽"，顾名思义，这个流行风尚来自印度，是一种随着英国殖民而来的欧式宽檐礼帽。伴随着西藏近代几十年的发展，毡帽逐渐成为藏族的新传统饰品。

贡布脚蹬马靴，头戴骑手卫士的红缨
礼帽，坐在他悉心打扮过的赛马上。
传说这是格萨尔王赛马时的装束，在
比较隆重的藏族节日里，如赛马节、
望果节等活动，马队成员会有这样的
装扮。

藏裙是藏族女性最常穿的传统服装。无袖及踝长裙,内搭衬衣,外系"邦典",简单利索又方便劳作。藏裙有不同材质,母亲巴桑穿的是自己制作的氆氇裙,女儿德庆拉姆穿的则是从商店购买的涤纶材质。现代材料制作的藏裙花色更多,也更耐穿。藏族钟爱明艳的色彩,母亲的暗色藏裙搭配了花衬衣,而女儿选择了纯色打底衣配她的天蓝色外裙。巴桑的长发编成两股辫子,可在头上盘起来,或在发尾处扎成一束,这是牧区常见的女式发辫。

羊皮裁片后,再在边缘装饰织锦或氆氇的饰边,就完成了一整件皮袍的制作。

据古文献记载,早在吐蕃时期,就已有很多兽皮制成的服饰,被称之为"裘服",贵族和富有者还会用名贵的动物(如水獭等)皮毛来缝制衣服。《旧唐书·吐蕃传》中记载:"又有天鼠,壮如雀鼠,其大如猫,皮可为裘。"从吐蕃时期文献中的描述可以看出,裘服为当时很常见的服饰类别,当时称为"天鼠"之物的原材料制作而成的服装,在现代看来十分罕见,发展到后来变成将裘皮做里、锦缎做面的双层服饰,成为贵族冬装的标志。在季节分别上,裘服主要在冬季穿着,吐蕃大臣仲琮曾说吐蕃是"居寒露之野,物产寡薄,乌海之阴,盛夏积雪,暑毹冬裘",由此可窥见一斑。

在当地人的日常生活中,藏袍因季节的不同需要,有单、夹、棉、裘之分。夏季穿单、夹衣裤和藏靴;冬季常着羊羔皮袍、老羊皮袍、皮裤,脚穿皮质的藏靴,成为牧区藏族皮袍的标志性装备。

麻江乡常见的皮袍分为两种，一种为单层羊羔皮，毛面朝里、平整的光面朝外，朗堆村扎西书记穿的羊皮袍只有领缘、袖缘、襟缘上装饰有黑色氆氇饰边，另外在袍面的袖肘、袖口、前胸和后背处用拼贴的工艺装饰了用相同羊皮材质剪下的吉祥图案，并用彩色颜料描边，整体朴素又不失对美好生活的寄托。裁缝贡布身穿的皮袍也属于单层，但他的皮袍在黑色氆氇饰边外又增添了一层五色织锦饰边，并用金色织锦镶边，更加华丽喜庆。另一种为双层皮袍，朗堆村的老人无论男女都喜穿这种较厚的双层藏袍，抵御牧区冬季寒冷的侵袭。从向外翻折的领缘可以看出双层皮袍的羊皮内里，而外面附着了一整层氆氇的袍面，而不单单像单层皮袍那样只用在饰边的装饰上。女性的双层藏袍一般装饰有织锦的饰边，已婚妇女会在腰部系上五色的"邦典"（藏式围裙）。而双层的男袍仅在领缘处装饰不太明显的五色刺绣条饰，再配以红色等色彩亮丽的腰带，与深色的氆氇形成强烈的对比。

氆氇——来自雪域的礼物

随着纺织技艺的出现，藏族人民不受限于皮毛面料，用织机和双手创造出独属于雪域高原的纺织品——氆氇。

在半农半牧地区，不需要厚重的皮袍来抵御极寒天气，也无法仅单纯使用较薄的织锦面料，氆氇藏袍便成为这些地区主要的服装。氆氇是西藏特有的羊毛织物，不管在农区还是牧区，随处可见当地人在古老的织机上纺织氆氇。氆氇从诞生之初就不仅是单纯的藏袍用料，还可用于制作藏帽、藏靴、腰带、邦典、囊包饰品等。

西藏地区盛产羊毛，这是氆氇的主要原料。直到今天，西藏地区的氆氇大多依然使用传统方式手工织造，制作方法与汉族传统的民间织机织布方式相似，先用纺车将羊毛卷纺成均匀的毛线，然后用老式木梭织机进行编织。氆氇织机是木制的，织好后的氆氇是羊毛原始的本白色，再经过漂洗、揉搓、染制，染成所需的颜色。氆氇的门幅很窄，只有普通汉族传统织物幅宽的二分之一左右，一般大约三十厘米，一件宽大的藏袍往往需要几幅氆氇拼接而成。西藏几乎所有的农区和半农区都生产氆氇，其中以山南扎囊、后藏江孜、藏东芒康等地生产的氆氇最为有名。18世纪中叶以前的《西藏志》，是最早记述关于西藏各地习俗、文化分类的著作，其中对藏族服饰与氆氇有所记述："西藏衣服冠裳多用毛毷、氆氇，着大领无袖褚巴，腰束皮带或毛毷带，足穿香牛皮靴或穿布靴。"

氆氇藏装的品类很多，在卡如乡卡如村和帕古乡彭岗村，我们看到老阿妈都在织锦衬衫外面套上无袖交领氆氇长袍，这种形制的服装藏语称"曲巴普美"，更多出现于前藏地区，以拉萨最为盛行，但拉萨市的无袖长袍以织锦面料为主，且结构上两侧会增加一个插摆，穿的时候交汇在身后用邦典系扎。而在尼木的很多半农半牧或者农区，却以氆氇面料居多，且两侧无插摆结构，更加注重实用性功能本身，无论是材质还是结构，都比拉萨的更传统。

第二种是立领对襟上衣，藏语称"堆通"，常见于后藏地区，但后藏地区的堆通多以偏襟为主，男女均可穿，尼木县普松乡如白村的次珍穿着的对襟堆通极具本乡特点，金色织锦条做盘扣，明显受汉族传统工艺的影响。

第三种是长袖藏袍，藏语称"褚巴"。有用氆氇本色做成的，普松乡如白村如白湖的守湖员就穿了一件传统的白色氆氇藏袍，没有经过染色，但是这种白色氆氇藏袍常会用"加珞纹"（十字纹）的彩条氆氇做领面。加珞纹是藏族氆氇的常用纹样，多出现于信仰藏传佛教的西藏地区，在藏传佛教中，加珞纹含义十分丰富，如代表"十方"，即上天、下地、东、西、南、北、生门、死位、过去、未来，也具有对完满、万福的祈愿。白色氆氇藏袍一般为男子的常用服饰，且在农村比较常见。没有过多的织锦饰边点缀，用作领面的彩条氆氇也都是手工织成，上面的加珞纹样同样是用手工扎染而成，整件藏袍没有一丝工业生产的痕迹，更加传统可贵。也有用纯色染过的深色氆氇做成的，帕古乡彭岗村的护林员就身穿了一件纯色长袖藏袍，边缘没有任何装饰，体现了村民的朴实和对功能至上的追求。

除了必须手工完成的皮袍和氆氇藏袍，气候相对较温和的农区也开始出现了使用缝纫机制造的人造纤维面料织锦藏袍，与传统藏袍不同，现代材质和工艺的藏袍色彩艳丽、图案丰富，制作起来耗时短，被越来越多的藏族人民所喜爱。我们在以农业为主的半农半牧区卡如村，看到一位男子穿了一整套织锦制成的藏装，明显比牧区服饰更加华丽，用料讲究。在过去，只有贵族才能穿织锦的

衣服，丝绸面料都是由内地织造，藏地的自然环境显然不适合养蚕产丝，这决定了织锦藏袍的昂贵价格，普通人是穿不起的。随着西藏与内地的交通越来越便利，织锦面料不再仅仅是富贵的象征。加上机器大工业的发展，手工织造的纯丝织锦面料也被机器生产的人造纤维面料代替，成本低，普通人家也可以承受得起，所以现在织锦已经走进寻常百姓的日常生活中。

另一方面，羊皮藏袍也好，氆氇藏袍也好，从切割好的羊皮衣料或者纺织好的氆氇匹料变成藏袍成衣，只能通过手工完成，无法像轻薄的织锦面料一样依靠缝纫机制成。所以，尼木随处可见的传统皮袍和氆氇藏袍是传统手工艺保留和传承的有力证明，二者的保暖性远胜于织锦藏袍，在自然环境无法改变的情况下，它们为了适应大自然而存在。反观织锦藏袍的传统手工艺越来越少，如今，连面料都是依靠机器织成，且材质完全不含天然纤维，全部以化纤代替，成本低却又比传统面料选择多，越来越被藏族人民接受和喜爱。这种情况让人不禁思考，怎样才能让濒临消失的手工艺更好地传承和发展？

缝业合作社——手工匠人的新归宿

西藏的裁缝多来自农区，因为农区对忙闲期的分配和定居的生活方式更有利于手工艺的传承和发展；原材料大多来源于牧区，牧区有大量的皮毛产出，皮张是制作皮袍的原材料，而羊毛是织造氆氇的重要材料。农区的裁缝经常去牧区帮助牧民鞣牛羊皮、制

作包靴等，甚至为此在牧民家中住上一段时间。藏族地区的这种"游商"模式直观地体现出了特有自然环境和生计方式对人们生存技能的影响，将农区和牧区紧紧地连在了一起。

自古男耕女织，分工协作，而在这里，裁缝以男性居多，但吞巴乡吞普村唯一一家缝业合作社，却以女性居多。合作社目前有13位员工，均为当地村民。创始人是一对夫妻，妻子央拉是尼木本地人，而丈夫曲央来自于日喀则，卫藏与后藏匠人的结合，为吞普村的缝业合作社带来了全新的面貌。吞巴乡以农业为主，这里的村民除了日常务农几乎没有其他维持生计的方法，女性力气小，可以参与的工作更是少之又少，缝业合作社里藏装制作的工作，给村里的妇女们带来了希望和机会。

曲央小时候跟随当裁缝的叔叔在日喀则最大的寺院扎什伦布寺长住达两年之久。在运营合作社之前，也常年游走于农牧区之间，扮演着"游商"的角色。直到现在，曲央的弟弟每年仍然以"游牧"裁缝的身份定期去格尔木的牧区，牧区市场竞争更小，而回报丰富，除了现金，还能获得酥油、牛羊肉等其他生活必需品。这些经历让曲央对农牧区村民的需求十分熟悉，这样的积累对于他创办合作社有直接的帮助。

缝业专业合作社的成立整合了人力资源和农牧业生产资料，成为连接农牧区的一条纽带。曲央来自于裁缝世家，12岁就跟着父亲和叔叔学手艺，现在，他又把手艺传授给合作社的其他村民，教他们缝纫和制作服装及饰品的技巧。目前吞普村的很多村民在曲央的带领下，都成功掌握了工艺技巧，不仅能满足周边村民的日常穿着需求，还外接了很多地方歌舞团的戏服订单，保证了合作社的稳定运营。

缝业合作社的成立为农牧民提供了就业岗位，增加了农牧民的收入。这些民间合作社，正在通过立足乡土这种充满生命力的方式，一代又一代地传承民间传统手工艺。

传统服饰技艺的传承——藏靴的艰难守望

尼木是一颗由高山融雪滋养的高原明珠，有着"拉萨手工坊"之誉，很多传统手工艺在这里传承了千百年。家住雪拉村的旺堆是拉萨市级非物质文化遗产藏靴制作的传承人，旺堆家世代都是藏靴制作的匠人，他的手艺就是从父亲那里学到的。在一般人的印象中，缝衣制鞋向来是女人的专长，而在这里，裁缝和鞋匠却往往是男性，如果不看旺堆制作鞋子，你很难想象一位藏族汉子能做出如此精美的藏靴。

藏靴有几种不同的形制，旺堆制作的藏靴是一种在这里常见的方头靴，藏语称"松巴"，以花纹美丽而著称，男女皆可穿，只是款式和装饰上有细微的差别，男靴的花纹更少甚至没有，女靴的花纹则繁多精致。此外也有年龄上的区分，老人一般穿白色的藏靴，无过多装饰，而年轻人的用色则相对鲜艳很多，还会装饰上很多刺绣的花纹。

传统藏靴的整个制作过程工艺繁复，这使得藏靴手艺传承困难重重。制作一双传统

顿珠多吉的牛皮藏靴是他自己缝制的，年纪大的人往往喜穿白色。毡毯、刺绣、布艺拼接起来，配色十分典雅，多吉显然是位品味很好的业余裁缝。朗堆村民大多以放牧为生，雪山草场寒凉，因此，多吉用牦牛毛织成的布料加高了靴筒，直至膝盖，让靴子更保暖实用。

的藏靴至少需要一周的时间，其中难度最大的步骤是靴底的制作。靴底需以不同尺码的皮模子做底，再缝上四层材料，分别是两层高韧度的麻绳线、一层牛皮，最底层由厚实的棉线裹缝。做靴底的牛皮需要提前埋在土里，皮子浸染土壤的湿气后会慢慢变软，让靴底更加舒适。几厘米厚的靴底需要用锥子扎出一个一个的洞眼来穿线纳成，扎一个洞眼穿一次线，想要把靴底纳得结实，就需要扎出很多密实的锥眼，锥眼的均匀与否、鞋底纳得密实与否成为衡量藏靴制作工艺优劣的一大标准。扎每一个锥眼都是技术活，这个动作让做了二十多年藏靴的旺堆手上布满了老茧。

相比于纳鞋底，剪裁和缝制氆氇靴筒、靴面就显得更为细致。制作靴筒的氆氇材料一般由旺堆的母亲亲手织就，并染成深色备用，靴筒上端靠近腿肚子的部位有一个长约10厘米的开口，为了便于穿脱和携带，开口和靴筒的边缘都用蓝色的布滚边，防止氆氇脱线。而靴面则用鲜艳的红色和绿色的毛呢制作，然后再用五彩丝线在靴面的中心位置手工绣上花卉等纹样。旺堆的绣工出众，绣出的花朵活灵活现。最后的步骤就是上靴底，将靴筒与靴底缝合起来，缝合好后，一双纯手工的雪拉藏靴就完成了。

整个藏靴的制作过程，从氆氇的织造、麻线的制作等原材料的准备，到纳鞋底、绣鞋面、上鞋底等工艺，全是依靠旺堆和他的家人手工完成。这样一双耗时耗力饱含传统技艺的藏靴，与市面上那些用料差、依靠机器制作和绣花的藏靴相比，价格自然高出很多，正因如此，越来越不被藏族人民所接受。雪拉藏靴的市场越来越狭窄，这无疑让传承人旺堆陷入了沉思。如何坚持和传承这门手艺，是摆在他和家人面前一个很大的难题，他需要在当今的市场大环境下为这门手艺寻求新的发展路径，对传统的坚守，是旺堆不能妥协的，但这条路，无疑是艰辛的。

随着便捷交通的发展和旅游产业的开发，西藏与内地以及国际之间的联系日趋频繁，使得藏族传统的服饰文化与现代文化有了更多融合的机会，同时也对传统的民族文化构成了极大的威胁。新的文化和生活方式开始悄悄孕育，传统藏族服饰也随之发生着改变：代表西式服装结构特征的省道出现在藏袍曲巴普美和堆通中；内地面料厂商专门针对藏袍特定纹样生产的纯化纤低价面料被大量引入；机器化大生产代替手工制造，使得藏袍中具有标志性的氆氇和羊皮材料及纯手工缝制变得弥足珍贵但效率低下。传统藏族服饰的文化特质和现代藏族服饰的悄悄改变，使它们之间的距离变得越来越远。

尽管如此，藏族服饰还在艰难地传承着。

地道风物

联结前藏和后藏的尼木自古便是拉萨的手工坊，物与人的互动、信仰与商业的交织，造就了这个"手工艺之乡"。名冠藏地的"尼木三绝"，在传统承继中历久弥新，与其他充满潜力的手艺，共同在现代经济模式下显现出迷人的魅力，焕发出雪域高原上属于尼木的光彩。

"尼木手工坊"的养成
尼木藏香，闻香识藏
普松雕刻，刀尖上的技艺攻守
雪拉藏纸，留存千古的智慧
彭岗土陶，土与火的朴拙新生

"尼木手工坊"的养成

撰文
何清颖

尼木，为藏语"麦穗"之意，由此可以想见，这个小城与农业的关系多么密切。然而，在尼木悠久的历史中，"手工艺之乡""拉萨手工坊"的美誉也不落于"油盆"之名。

尼木的传统手工艺发达，是知识、技术、宗教与商业良性互动的产物，受惠于尼木作为地理边界的属性，博采拉萨和日喀则之长；而遍布全藏的交通网络，让以家庭作坊为主要形态的手工艺也能逐渐壮大，随着尼木工匠和商品的流动，走向全藏。

如今，尼木手工艺的发展还得益于在新经济形式中对产业发展模式的把握。尼木是全国首批设立扶贫就业工坊的地区，作为"尼木三绝"的藏香、藏纸和雕刻，与藏戏、藏鼓、陶罐、藏靴、泥塑、经幡、尼字体等"七技"，共十项手艺，是尼木"非遗 + 扶贫"模式的核心。

尼木各项手工艺发展的轨迹，与这项手艺本身的特质息息相关。藏香作为尼木最具代表性的手艺门类，发展历史最漫长，尼木藏香在积累已久的知名度之上，通过现代更便捷的交通和信息通道，带着藏地文化走出了西藏；在规模化发展方面，普松雕刻也没有落后，全县境内大大小小的手工艺合作社

为雕版大规模制作提供了坚实的基础，沿着尼木人在外经商的路线，以尼木雕版为模板印制出的经幡飘扬在西藏的每一片蓝天之下；而藏纸本身并非日常用品，尤其是在最重要的制作原材料——狼毒草日渐稀缺的情况下，尼木藏纸的生存一度岌岌可危，但往往绝处能逢生，传统藏纸制作技艺顺势向艺术品类转型，在文创市场中闯出一片天地；有些尼木手艺的前途并不如"尼木三绝"那般明朗，比如古朴稚拙的彭岗陶罐正在遭受市场和传承的双重冲击，也许这会是一个转型的机遇——或许在陶罐制作中加入其他地区的制陶工艺，实现技术和造型上的"进化"，或者在推广传播中更突出彭岗陶罐的"高原陶艺"传统特色……这一切都是未知数，"尼木三绝七技"充满了值得探索的各种可能性。

可以想见，未来，尼木会集聚各类独具地方特色的手工艺，成为名副其实的"尼木手工坊"，影响力不再局限于拉萨地区，将迎面走向更广阔的天地。既承继着吞弥·桑布扎以降的传统，也以开拓精神在新时代中辟出新途，这就是尼木的新西藏面貌。

历经时光洗练的尼木"三绝七技"

插画
杨恒

在尼木，藏香、藏纸、雕刻是声名远播的手工艺"三绝"，除此之外，还有"七技"——藏文书法（尼字体）、藏戏、藏鼓、藏靴、陶罐、手捏泥佛像和经幡，并不那么为人所知，但技艺也不逊色。"三绝七技"共同构成了尼木手工艺资源库，作为十项非物质文化遗产项目，在现代产业化发展思维下带动尼木经济发展，引领脱贫自立之道。

藏纸·雪拉村

尼字体·尼木县

陶罐·彭岗村

经幡·尼木县

雕刻·普松乡

藏鼓·雪拉村

藏戏·塔荣镇

藏靴·雪拉村

手捏泥佛像·林岗村

藏香·吞巴乡

陶罐

尼字体
雕刻
雪拉鼓
藏纸
藏靴
经幡
藏戏
手捏泥佛像
尼木县
藏香

尼木藏香，
闻香识藏

撰文
孔雪

来到拉萨，几乎无人不去大昭寺。寺庙前的善男信女，虔诚地行五体投地之礼，把寺前的石板路磨得光滑发亮。走进寺里，"打阿嘎"的藏族青年唱着歌，"圣路"八角街上转寺的信徒络绎不绝，当朝霞或余晖洒满寺庙金顶，仿佛一切都是金色的。

日与夜，这里香火弥漫，任拉萨如何日新月异，酥油灯不灭，转经人不断。

三十多年前，尼木吞巴乡的少年普布次仁跟着爷爷，背着1500多捆藏香来到大昭寺前。接下来一周，他们向往来的香客兜售3毛钱一把的尼木藏香，一日可售出二三百捆。信徒买尼木藏香除了供奉佛事，还会带回家中，在敬佛堂里一日数根，早晚敬拜。

藏族佛教徒的一天，始于点燃一把藏香。香之德，不止是人与佛的媒介，还在于能拂污秽、清净身心、久藏不朽。而藏香的源头，就在普布次仁的家乡——比拉萨更高、更远的尼木县吞巴乡吞达村。

流水与烟火，雪山之水"点燃"千年藏香

我们到达尼木是在深秋，阳光依然整日炽烈。60多岁的退休校车司机罗杰载着我们沿吞曲河来到他位于上游的家。辽阔天地之间，晒着摆放整齐的柏木砖，这是尼木藏香中起助燃作用的主要原料，日光下，一块块金黄的木砖静静挥发着水分。

"曲"，藏语中的河，吞曲河又有"吞巴神曲"之誉。发源于仓雪峰西坡，最终汇入雅鲁藏布江。流经吞达村的这条河在1300多年前以流水"点燃"了尼木藏香。

藏文创始者吞弥·桑布扎同样扮演了尼木藏香故事中传奇性的角色。尼木当地传说，吞弥·桑布扎在随和亲团迎娶文成公主回乡的途中，适逢瘟疫。一夜，他梦见释迦牟尼将山上发光的草药点燃，产生熏雾，并用泉水送服药草。醒来后，他照此法救助众人至痊愈。村人也照其方法，之后常点燃这几种药草，以预防瘟疫。尼木藏香源起于此，延续至今。

287座水车在吞曲河畔转动着。沿河向

藏香是尼木最闪亮的名片，以其悠久的发展历史、深厚的人文积淀，当之无愧地成为"尼木三绝"之首。

摄影 / 李稔

尼木藏香，又被称为"水磨藏香"，
得名于使用水车碾磨木材入料这道工
序。柏木被锯成合适大小的短桩，用
木楔子钉在水车臂上，水车日夜不停
运行，靠流水的动力把柏木磨成泥。
整个吞巴乡有超过287座大大小小的
水车，分布在吞曲河的两岸。摄影 /
仲文（上）、李稔（下）

下，便是次仁多吉安在水车旁的家。

制藏香用的柏木来自距离尼木 500 多千米的林芝。林芝海拔约 3000 米，适生柏木。过去，六七月雅鲁藏布江汛期时，吞达人从林芝购买柏木，经水路运到尼木。直到二十世纪七八十年代，汽车运输才逐渐普及。

林芝的柏木，在尼木与本地杨木相遇。多吉将柏木锯成三四十厘米长的小段，去皮后在中间打孔，再用杨木做成的木楔子将其紧紧固定在水车的摇臂上。水车被河水带动，柏木与铺在河底略带凸角的石头开始了昼夜不停的厮磨，直到被碾成木泥。

这些柏木泥在水车旁堆成塔状，香塔散发出醇厚的柏木鲜香，给初到吞达村的嗅觉定了调。柏木泥之后被装入模具，压实定型，便成了院外躺在天地间，静待晒干的香砖。

晒好的香砖，颜色金黄，它将再次被磨成干粉末，与二三十种藏医药材和水，按比例调配，充分融合，红绿白黄各色原料，一并揉成土褐色香泥。每家藏香作坊的香料配比各有特色，但大多都含藏红花、冰片、红檀香、沉香、甘菘、没药、六佳、肉桂等。

制香是一项虔诚的工作，人们用石窝碾砸香砖磨粉之前，需洗净手、器具，清除内心杂念，然后盘坐、凝神。接下来是一项依靠常年身体经验和感觉的技艺：挤香。用手感知香泥适宜的湿度与密度，成型后将其挤入有孔的牦牛角中，一手握牛角，一手用大拇指用力挤压香泥，让线香从牛角孔中流出。心静的人才能用这种原始方式挤出粗细均匀又线条笔直的藏香，将其密密麻麻铺满透气的网格，经晾晒最终成型。尼木藏香的制作，四季阴晴无碍，村人并不甚算计，假如遇上老天的坏脾气，就耐心多等一两天。

最后一步是捆香，线色多是红、金、黄、绿、紫。多吉盘坐在地上，把与僧袍同色的红黄双线绕成一股，在嘴里一抿，没有打结，只把两段线头紧扣进密实的香捆深处。光穿过窗户洒在有些暗的香坊里，线也有了别样的光泽。人在光里，光在窗中，窗前积雪挂山。吞达村和多吉，不自觉地活在古老而神奇的藏香故事中。

近处，"哗哗"地流水声不停。传说吞弥·桑布扎怜悯河中鱼儿被水车所伤，在河岸立碑：江中鱼儿不得入吞巴河，从此还真没有河鱼被水车误伤了。常年无鱼的吞曲河无声地转动，千年不停，转活了吞达村长久的支柱生计。

村人很难回忆起最初接触藏香是什么时候，多数吞达人从小就跟着家人做香。二三十年前，拿出一间房专门晾香还是奢侈事，邻里间常错开干农活与做香的时间，互相借用空间和工具，一周一次的生产量便能满足零散的销售需求。

古老的藏香制作技艺延绵至今，支撑了吞达村收入约 80% 的份额，常年流动的不只有流水，还有先人的智慧、传承的经验、巧妙的转化和家家户户的差异个性。所有原料只经物理变化，废料也可回收。各家各户配方有别，默契地彼此不多问，但规模相近，都受欢迎。久做香的人，衣服上积着香料味道，在村子里转一圈，能靠有经验的鼻子辨出这家多一种、那家少一种药材的细微差别。

传统技艺的千百年传承并非没有变量，比如，如今重要原料柏木日渐稀少，又受林业保护限制。现在购买林芝柏木，要提前签订协议，以确认原产地，一车柏木的价钱飙升至 4 万多元。吞达村展现出了朴素的危机处理艺术，把越发珍贵的水磨柏木砖做成了垄断特产。尽管柏木不产自尼木，而且尼木县内外做香的家户和厂商越来越多，但柏木砖的生产只此一村。当多吉的订单多到忙不过来时，就会去找其他村民购买柏木砖。

千年以来，因为水，吞达村几乎家家户户都做着终究要燃于火的藏香。也因为水，吞达人对吞曲河和仓雪峰充满感恩，在每年的重要时刻，他们都点燃柏枝，虔诚地祭祀山河间诸神。年轻时的多吉很想逃避这项苦差，长大后品到人生百味，才体悟到藏香是一门让人平心静气也相对安逸的生计。它收不拢十几岁少年躁动的心，却足以抚慰成年人对故乡与传统的依恋。

"酒有些是甜的，有些是苦的，不甜不苦的才是好酒，"多吉说，好的藏香同样不甜不苦，"能让心灵净化的，才是好香"。

守古与求新，在传统中沉浸或从传统中醒来

多吉的儿子强巴多杰在无锡读书。假期回家时，父亲会教他做香。一直以来，父亲最多只用 20 多种香料，这是家族传下来的配方，很少有新尝试。强巴多杰总会在一旁认真看着父亲，看着他因为常年用力挤香而有些变形的大拇指。

吞达村一部分小型家庭作坊仍采用手工制香。没有品牌、包装，仍用绳子、报纸捆扎，线香通常二三十厘米长，一捆有二三十根，或在自家小院零售，或销售给周边村镇的回头客。

更多吞达人接受了变化：引入机器。在 2010 年前后，河北生产的挤香机器被引入吞达村。这些机器可挤出不同粗细规格的线香，也可制作印度塔香，同时被引入的机器还有香泥搅拌机。

在多吉家中，制作手工香和机器香并不冲突。手工香的密度大于机器香，两者味道和重量略有差别，一根 26 厘米的手工香可燃近一小时，机器香仅为二三十分钟。尽管机器香仍需要人工切分，但多吉喜欢这些机器，他腰酸和膝关节疼痛的老毛病因此也好了很多。

另一个变化是，近三四年间，吞巴乡的藏香合作社一个接一个地成立，吞达村最大的藏香合作社品牌是"吞弥圣香"，合作社与香品展馆就在 318 国道旁。藏香制作已成为吞巴乡最重要的第二产业。

普布次仁，曾经是大昭寺前的卖香少年，如今已年过四十。改革开放深刻影响着西藏，2014 年拉日铁路的开通让尼木更开放。2016 年，吞巴乡的藏香合作社在政府支持下成立了公司，35 户乡民入股，普布次仁担任公司经理。股东们仍有独立的家庭作坊，但公司凭借商业推广的优势广开了更远的销路，西藏内外的客人可以通过微信、电话、电商下单。"吞弥圣香"有近二十多种藏香产品，每年可售约 20 万捆香。普布次仁已不需去大昭寺卖香了，现在，拉萨已不是最大市场，通过全国快递网络，藏香发向内地各处。

尼木藏香的原料都明明白白，合作社展

尼木藏香的原料大多是藏药，最多能达 30 余种，有些来自西藏本地，有些只能从尼泊尔和印度进口。制香人家的藏香配方多从祖辈手里传下，因此，每户藏香的气味都带着独特个性。

摄影 / 樊觅韵

柏树磨成泥料后，被制成方正的香砖。
尼木藏香有很多产地，但香砖的产地
只有吞巴乡一家。晾晒香砖的地点多
为自家小院，也会晒在田埂地垄上。
摄影 / 李稞

日朗风高的时候，从香砖旁经过，能闻到木材的清香，而香砖又为这纵横错落的大地增添了色彩。摄影/李稔（上）、供图/尼木县委宣传部（下）

室中三十多种药材展示在透明玻璃罐里，其中，艾蒿、香草、冰片来自本地，白豆蔻、绿豆蔻、白檀木、红檀木来自印度。公司成立后，"吞弥圣香"声名渐长，还有客人和寺庙提供私家配方定做藏香。

在尼木县城，全县规模最大的"古宝"藏香，已经形成了成熟的工业化生产模式。

三层楼面积约三千多平方米的厂房内，共有30多位工人，一年产值可达六七百万元，每年销售额近三百万元。二楼展室中，"古宝"与"雪域康桑"两个系列下共有三十多种产品，涵盖了传统线香与新式塔香，以及香囊和藏香文创礼盒等衍生品，包装档次各有不同。

"我们有四十多种原料，本地药材占四成，进口药材占六成，""古宝"藏香的主理人次旺赤列介绍说，"'古宝'系列下的传统藏香，最多会用到38种药材。"他坐在画着吞弥·桑布扎壁画的展室里为我们介绍，墙上展示藏香制作流程的壁画正是出自他手。

2003年，全国非典疫情爆发，集体性恐慌甚至让地处西南高原的藏香需求量猛增。"尼木家家户户都在做藏香，还没晒干就卖了出去，大家开始不在意香的质量。"次旺回忆。狂热散去，余波是藏香颇受影响的口碑。

"所以，现在我们要做最好的藏香。"次旺口中的"最好"，是原料的精益求精。所有尼木藏香都在用檀木和藏红花，但同种药材因产地不同而质量不同，"古宝"不怕远，要找好的。

"好"，也是配方的新探索。十六年藏香制作经历，用光了三四个本子，次旺却只成功研制出两种新配方。一场花成本费心力的调香探索，全凭次旺求变求精的心坚持着。次旺说，近年来尼木内外，大家的喜好很受印度香等各种新近流行的香料影响，但流行的味道不等于好味道，他还是严格遵循藏医理论，每种新香试做出来，都请藏医院专家把关，确认对身体无害。

按照老祖宗的法子，大可一直做下去，多数家庭作坊都沉浸在这种熟悉的依赖中安守"正宗"。而"古宝"的求变则有一种颇

搅拌   制香

柏树香砖晒成后，还要再经过一道研
磨，变成干燥粉末。干粉与藏药粉末
和在一起，加水变成藏香原泥。挤香的
工具是天然牛角，手艺人使用牛角把泥
团挤成均匀的条线状，齐整地铺在透
气的纱框上，放在香房阴干，最后将
晾好的藏香分捆包装。这就成了我们
在市面上看到的藏香。供图 / 尼木县
委宣传部（左）、摄影 / 仲文（右）

具现代性的自我检视。这是传承的新义：不
只因循传统，不只工具的更新改良，而是从
传统中醒来，主动追求经得起时间考验的
变化。

　　"我跟着哥哥学的做香，从他身上我看
到了什么是爱家乡的文化。"次旺的哥哥是

藏香制作技艺国家级传承人且增曲扎。

　　同样年过四十的曲扎与藏香相遇的最初
记忆，是儿时家附近寺庙里僧人做香的画面，
跑去偷看做香的少年，被浓郁神秘的味道所
吸引。僧人是启蒙师傅，恩师则是藏医学界
的权威人物强巴赤烈。藏医藏香一脉相承，
《四部医典》《晶珠本草》等藏医药典都有
对藏香功效、配方、制作方法的记载。且增
曲扎的藏香技艺，源于在藏医药、藏文化中
的长期沉浸。非典的第二年，兄弟两人在拉
萨租下一间小屋，从所有家当装不满一辆车

晒晾
供图 / 尼木县委宣传部

捆香
摄影 / 李稔

的起点创业，逐渐积累，2011 年正式创立了"古宝"藏香公司，重回尼木扎根。

回望多年前偷望僧人做香的场景，曲扎肯定不曾想过，他和弟弟能经营上现代藏香生产企业；更不曾想，未来他要接受质检部门的咨询，为如何用现代规范话语阐述藏香功能建言献策；还要跑到四川打假，在几乎没有法律和商务纠纷处理经验的情况下，去找盗用包装仿冒假香的作坊理论。而近一两年，曲扎和次旺正在思考如何尽快把旗舰网店开起来，投身电商大潮。

应变与永恒，现世里的新传奇之路

近些年，尼木藏香不断走出藏地。次仁多吉和他做香的朴拙过程出现在央视纪录片《第三极》中。2009 年，藏香制作技艺被收入国家非物质文化遗产名录，尼木县是第一申报单位。

当代尼木藏香业层次丰富——从吞达村常见的家庭小作坊，到次仁多吉的明星家庭大作坊；从吞巴乡诸多合作社与乡镇企业，到已成规模的以"古宝""吞弥圣香"和"朗

尼木藏香是吞巴乡，乃至尼木县最重要的支柱产业之一。这项传统手艺在新的商业模式下，为尼木百姓提供了更多更好的就业机会。摄影 / 邱衍庆

嘎"等品牌为代表的现代企业；还有各个级别的非遗项目代表性传承人，以及被众多媒体关注的"80后"、"90后"大学生回乡创业新星。有人沉浸在传统之中，有人从传统中自醒，而政府则以"非遗＋扶贫"、电商平台等新形式，为这个千年的古老产业注入活力。

藏地高原有高等种子植物5000多种，占全国高等植物总数的10%以上；药用植物达1000多种，占全国药用植物数量的70%左右。此外，西藏香料传奇还得益于中外之间古代马帮与贸易往来、深厚的藏医底蕴，以及藏族的至诚信仰。除了历史最悠久、规模最大的尼木藏香，拉萨西郊堆龙德庆区、山南敏珠林寺、拉萨直贡提寺也是传统藏香产地，后两者以寺庙藏香闻名，也用藏香收益修缮寺庙。庙堂内外的藏香，迎来了新的时代。2012年，敏珠林寺试水网店，比尼木藏香更早一步进入内地香道网络市场，与沉香、檀香和因瑜伽热流行起来的印度香一起，演绎更复杂的现代香料故事。

打开网页，搜索"尼木藏香"，目前还多是代理销售的商业模式，不过"吞弥圣香"和"古宝"藏香产品线上的产品都能在不同代理商处买到。店主们还特意为内地顾客注明味道浓淡，详细介绍藏香传奇故事，并强调手工藏香与机器藏香的差别，将藏香的使用场合从寺庙与藏族家庭，扩展到都市的居室、办公室及公共场所，小憩伏案品茶皆宜。这些作法和思路迎合了内地市场，包括都市快节奏催生的流行"传统香道"，既是桥梁，却也助长了代理商混杂、劣质和仿冒品频现的鱼龙混杂局面。

传统藏香的形态只有线香，受到市场上流行的印度塔香的影响后，越来越多商家欣然接受了这个新潮流。底端带孔的塔香点燃后可形成"倒流香"景象，让藏香具备了超越实用功能的审美情趣，颇受当代喜爱藏文化的都市人的欢迎。藏香营造的别具异域风情的味觉和视觉氛围，让人闻香就能识藏。摄影／仲文于是，千年来浪漫自由的藏香，迎来了第一个现代"标准"。2012年底，西藏自治区质监局为应对市场的混乱，着手编制藏香标准，并在2014年8月颁布实施了藏香地方标准，不仅规范了藏香尺寸、性能等标准，还对藏香外包装上关于其性能的科学介绍做了相关规定。随后，进一步推进制定藏香国家标准，这是第一个由西藏自治区提出并主导制定的国家标准。

从吞弥·桑布扎之缘起，到现代生产的国家标准，藏香在现世里走出了一条传奇之路。而回到吞曲河边，整个吞达村因藏香产业日渐繁盛，也逐渐变得景观化。整合后的吞达文化旅游资源，涵盖了吞弥·桑布扎故居、吞巴庄园、藏香水车长廊、柏泥香塔、香砖晒场等"景点"，串连成一条游览路线。另一边，在游客如织的拉萨，"古宝"在拉萨洲际酒店开设了藏香文化体验馆。不少拉萨的文创公司早就嗅到藏香的新潜力，也转向尼木寻求合作，开发更市场化的藏香文创，并把藏香融入到"西藏礼物"等文创概念中。

在西藏，各地游客在藏香体验馆里按古法缓缓挤出藏香，而且增曲扎等人正奔波在全国各地的非遗展会中。"哥哥第一次去北京的展销会，有人问尼木藏香是不是'尼木'做的，大家甚至不知道'尼木'是一个地名，更不了解藏香。"次旺聊起哥哥当年的大胆营销：在香盒里放10根藏香，免费赠送给顾客，前提是请客人读一遍尼木藏香的说明书，"现在不少北京客人成了行家，闻得出哪种香好。"

不过，无论从尼木出发的藏香走多远，根系还在这里，命承一脉。

因原料全部取自自然，任一药材少了，尼木藏香就做不成。同藏族人做生意的内地商人会觉得，藏人做香不知变通：无论是"古宝"这种企业还是吞达村的小作坊，就算差了一种原料，他们也会推掉订单；他们也不会过分算计远途采购原料的费用，认为这是本该做的，与成本和定价无关。实际上，几乎所有藏香制作者都不会如藏香标准那样精准地描述藏香，他们会说，能培扶灵根者才是好香。这与藏传佛教宁玛派祖师莲花生大师对藏香的阐释一致：香味弥漫三千大千世界，一切污垢秽物皆净化。

做香的人，燃香的人，都融在浓郁而浑然天成的信仰之中。以吞曲河的雪山之水，林芝的柏木，加上远从尼泊尔、印度来的香料，百般辛苦，最后变为香灰，归于自然。这让人想起藏历四月萨噶达瓦节时，僧人会先用彩沙在地面画出的斑斓精巧的"坛城"，信徒们手拿一支藏香，见证坛城在一瞬幻灭，体悟到人生可以在困难中度化，也可以轻松放下。

"你要轻轻放下。"离开尼木时，藏族朋友向我嘱咐如何使燃香在香盒中不灭。藏香如坛城，从头到尾，水火相接，一切本无变化，只是加入了藏人的纯真与对生活的祈愿，最后，轻轻化为一缕青烟。

物

普松雕刻，
刀尖上的技艺攻守

撰文
孔雪

藏历一月十五，通常在阳历二三月间，春寒料峭。离尼木县不远的日喀则，近万人正沉浸在一年一度的竖经幡柱祈福活动中，众人从四方合力拉动系在经幡柱上的绳索使其直立。

藏族人相信，哪里有经幡，哪里就有幸福吉祥。经幡的图案多为《白马驮经图》，有蓝、白、红、绿、黄五色，分别象征天空、祥云、火焰、江河和大地，被藏人挂上屋顶树枝，也挂到少有人烟的江畔湖边、山坳河口。风每吹动一次经幡，就像人们将幡上经文诵读一遍。

而此刻，尼木普松乡里，出师了的雕版艺人正盘腿而坐，刻着经版。二三十把刻刀铺在身边，近处酥油茶冒着热气，远处山巅白雪无言。经幡有五色，这里有刻刀的铁黑色、酥油茶的奶白色、雕版的原木色；经幡随风声翻飞，这里有木花飞落的簌簌声。

"普松"，藏语意为"山谷"，西藏大多数经幡的印制都出自这个山谷。这里也是西藏雕版制作艺人最集中的地区，历史上曾数次为西藏地方政府和各地寺院雕刻大藏经《甘珠尔》《丹珠尔》两部佛学经典的经版。

无论是普松乡的乳巴寺还是文化中心拉萨的布达拉宫，都存有五六百年前出自普松的经版。

流动在天地人心间的藏经、静坐在普松山谷之中的艺人，动静相映。千年以来，普松木刻，在雪山之下，日常之中，伴着滚烫的酥油茶的香气，延续着人与木的渊源。

显像的初始

拜访普松曲水村的手艺人时，聊起他们的学艺经历，追根溯源，均离不开两位已去世的老人。

强白老人的家是一座典型的藏式民居。第一层牛羊拥簇，第二层供大家族群居。一进客厅就嗅到奶香，晾着的奶渣还要一两天才能干好。房间两面墙都是柜架，除了放糌粑的模具，还密密麻麻地排着各式刻好的经版。对木刻艺人来说，手艺和日子融在一起，沙发上艳丽的藏毯与清不干净的木屑则是标配。

如今，这个家的当家人是强白家族的第

雕版木刻不仅是普松乡历史悠久的传统工艺，也是如今很多人赖以生存的谋生手段。在普松，雕刻技艺主要靠师徒相承。朗杰的哥哥斯曲是西藏著名的雕刻大师，也是他的师父。农闲时，雕版木刻通常是他们大家族中男丁最重要的工作。摄影 / 李稔

普松雕刻上的内容，除了佛教经文经典，还有各种佛教造像、民族传说、民间故事等。如今不少手艺人会根据市场需求，结合经验，充分挥洒创造力，在图案设计上推陈出新。

摄影／王宁

七代，斯曲和弟弟朗杰。斯曲从 14 岁起就跟着爷爷和父亲学习雕刻，而父亲强白也是从 15 岁开始就在这个院子里学习。老人在村里有很多徒弟，学艺出师通常需七年，没有学费也没固定工酬，但有一样必需：要记得给老师带青稞酒。

学习雕刻经版技艺，要从选用、处理木材开始。

普松雕刻选用顺直无疤、软硬适中的桦木，其次是蚩巴木与七叶树，再次之，是其他质地较软的木材。新木料被剖成厚约 3 厘米的木板，需先运到羊八井用温泉水浸泡约两小时，以保持硬度，避免之后开裂；再晒干，打磨光滑备用。

下一步，不急用刀，先要识字；不是真正认识文字，而是能从反面熟悉字形。

强白带徒的时代，西藏识字率尚低，不认得字的徒弟首先要学会从反面熟悉藏文，因为雕刻经版是由反及正的镜像过程。将雕刻经文写在纸上，板上涂一层牛皮熬制后加入面粉制成的胶，将纸均匀地倒扣于木板上粘住，不能起皱。胶干后，纸与木板咬合在一起，此时要在纸上洒些水，用湿毛巾用力摩擦，将纸磨掉，而字迹却能完好地留于木板，清晰显现出来。这是木上显像的初始。

继而是木头与刻刀的短兵相接。先刻掉文字间的大片空白，再在板上涂一层菜籽油，用湿毛巾盖住放一晚，次日在太阳下晒至半干。这是老一辈艺人琢磨出的土方，为的是让待刻的字更清晰。普松的雕版一般为阳刻，雕刻的核心步骤，是用不同刻刀从经文边缘入手，留下凸起的浮雕形式的经文，挖除凹处，通常深度为 1/2 寸到 1/4 寸。刻好经文

后，还需锯掉木板两头多余处，再把经文以外的部分打成斜面，以防印刷时印上多余杂墨。经此繁复步骤，一块经版才算成型。

普松雕刻，以藏经雕版与经幡雕版为主。刻与印分开，历史上经幡印制多集中在尼木，而经版印制则随经版从普松出发，分散到拉萨、日喀则等宗教核心区域的寺庙印经院。这是一项手眼并用，颇费体力视力的活计，然而，旁观这项辛苦却能窥见美感。雕刻要借光，艺人往往会坐在敞亮有光的地方，如窗边、天井或室外。视线从远景雪山拉近，聚焦到手艺人怀中的木板上，经文、图像在一刀一刀间浮现于原木之上，远近两端，辽阔与细腻，一样简单纯净。

刀尖的技艺

不知不觉，院外雪花零星飘落，化落在羊群身上，厚实蓬松的羊毛变得晶晶亮。离开斯曲的家，一头大黑牛在我们之前顶开了罗布的院门。扎西顿珠，另一位生于 20 世纪 30 年代备受尊重的普松老艺人，是罗布的师父。去世多年的老人留给罗布一套刻刀，至今仍在他手中反复使用。

熟练地使用不同类型的刻刀，也是徒弟学艺的重要一课。

1981 年出生的罗布，从 1993 年跟随顿珠学习雕刻，20 多岁时出师，从顿珠老师手里接过了装在牛皮套中的六把最基础的刻刀。之后近 20 年间，它们伴随罗布技艺的精进，磨出了他手上的厚茧，也见证了技艺成熟后的罗布开始带徒授艺。

刻刀是雕刻手艺人吃饭的家伙。藏文精细，手艺人会根据不同文字笔画的特点，使用刀尖形状不同的刻刀。每个手艺人都有属于自己的全套刻刀，其中必会有出师的时候从师父手中接下的几把。在手艺不断精进的日夜里，刀身也会留下岁月的痕迹。

摄影/李玲

位于吞巴乡的藏文字博物馆用壁画的形式展示了经版雕刻、藏纸印刷和经书捆扎的过程。摄影／樊觅韵

雕刻艺人一般拥有二三十把功用不同的刻刀，刻刀的名字与分工复杂细致。每类刻刀都有专属的藏文名称，其中，"切萨"用于修整雕版边框，使之美观；"撒克"用于挖行距槽和长腿文字；"切古"用于起头；"布松"用于方形字母的笔画；"米松"用于挖眼和处理圆角字母，此外还有挖斜面的"马劳"、挖空格的"改松"等。如果出错，就需用到形似一颗大铁钉的"作松"。先将错误的部分敲开小缝，削一根桦木敲进去，锯掉多余部分，即可在错处重刻。经版通常为双面，一面经版有近两百个字，至少要用上四五个类别的刻刀，短则一天、多则三天可刻完。

罗布手中的老刻刀，木柄早已磨得发亮，也有几把坏掉换成了新的。刀尖上的技艺一代代在普松师徒间传承，也流淌在家族的潜移默化中。边框修饰用什么刀，印经页码刻在何处，这些细节斯曲 11 岁的孙子已不知不觉了然于胸。

普松雕刻是藏族民间雕刻技艺与藏学艺术中的精华，雕版经二三十道工序，不易被虫蛀、不易腐烂、质地坚韧、久藏不坏。现在，普松乡有一百多位雕刻匠人，年龄多在二十岁到四五十岁间。从事木刻工作，不需外出务工，能照顾农活与家中老人小孩，在普松既有古老传统，又有稳定传承。它的工序虽繁复却相对朴拙，所用胶水和菜籽油都出自家常，虽尚未走到标准化、产业化的程度，然长久以来，雕版木刻早已自然舒缓地融入普松人的生活中。

传承的攻守

2009 年，普松雕刻制作技艺被列入自治区级非物质文化遗产保护名录，斯曲则成为自治区级代表性传承人。已过知天命年纪的斯曲，由此逐渐走上了一条与父亲强白不同的入世路。

《调象图》是西藏唐卡的经典图案，讲述了"九住心"的佛教寓言故事：在修行路上领先的猴子终究经不住半路出现的桃子等的诱惑而迷了道，落后的大象修得正果。斯曲从唐卡中提取了这个经典的连环画面，付诸雕版，印在尼泊尔藏纸上，挂在家中墙上售卖，吸引了很多客人的关注。

"普通经版一天就能刻完，佛像需要四天。不同的雕版完成时间也不一样。"斯曲家中摆着近年来他新刻的雕版，内容既有藏族英雄格萨尔王，也有内地人在家里家外拜祭的关公，有十二生肖与汉地花草，还有最受游客喜欢的藏传佛教六字箴言。这些特意为游客而创作的新雕版与拓印品广受欢迎，随着拉萨、尼木旅游业的发展，价格从十年前的几十元飙升到几百元一块，面积最大、手艺最精的格萨尔王雕版则价值几万元。

"尼木三绝"中，藏香飘逸，藏纸圣洁，普松雕刻却低调地深嵌在信仰的刻、印链条之中。斯曲迈出了一大步，他让普松雕刻拥有了超脱于信仰的审美价值，成为可独立存在的艺术品。为提高雕刻效率，斯曲也尝试过从台湾引入的全自动木版雕刻机，但试用后却放弃了这种看似高效的方式，因为手刻的藏文字体更圆融，机器刻字却生硬、无法调整。

普松雕刻不仅与信仰相伴，也与日常生活中的品味和情趣相关。此时正在雕刻的是一个糌粑印模，长方体的模具四面都有阴刻的图案，均为藏文化中象征祥瑞的符号。摄影／邱衍庆雕刻的工序中含正反之辨，斯曲懂得这一朴素哲学，也依此思量着新一代传承人的进退攻守。与其说是艺人，他更像一位在思考、创作的艺术家，尝试着越来越多的身份，比如文物修复师和学校教师。

斯曲会定期去拉萨甘丹寺印经院修复老经版。他还做起学校老师，先是在拉萨市与尼木县政府的促成下，建立了拉萨师专艺术生与普松乡匠人之间艺术功底与手工艺经验的互学；又与西南民族大学、德格印经院和文创公司等多方机构合作，以技艺类教师的身份参与了藏族雕版技艺传承与发展项目。作为区级传承人与普松雕刻代表，他还活跃在世博会、非遗展览会或传统技艺推广节等交流活动中。

斯曲，一个耀眼个案，出于传统，胜在创造，难以复制。相比之下，跟随哥哥和父亲学艺的弟弟且增朗杰，则同普松大多数手艺人一样，仍驻守家中。当他们从埋头雕刻的状态中抬起头来，都是皮肤黝黑，发色乌亮，木屑满身。

共生的默契

和斯曲相似，常出现在文博展会上的普松雕刻代表艺人，还有如白村的嘎玛曲扎。嘎玛曲扎出生于对藏文颇有钻研的家族，他使雕刻与藏文书法相辅相成，并在探索木雕变成艺术品的新路子。他陆续指导过的40多名徒弟，已有不少人靠这门手艺稳当谋生。曲扎的家门口立着牌子：德乐白觉藏文书法雕刻传承农牧民专业合作社。

多数普松雕刻带头艺人都陆续在2016年前后成立了合作社，目前，大大小小的雕刻手工艺合作社约有20个。斯曲的合作社取名"珍宝"，罗布的合作社则取名为"独具传承"。

罗布的合作社是目前普松乡曲水村中规模最大的。这里有两套完整的《丹珠尔》《甘珠尔》经书，共一千多块经版；建立了一条从木料处理到印制经文的完整工作链条，以及成模式的分工合作：18人刻经版，4人磨墨刷墨印经，2人负责桦木加工。年长的成员多是三四十岁，最小的只有19岁。和多数合作社一样，有些工序已有机器加入，如桦木板的加工、经版大片空白的剔除与刻成后两端的打磨都使用机器，粘在木板上的经文样纸也可机器印刷。

从雕刻与信仰、日常的关联来看，罗布的"独具传承"更像是延续了普松雕刻传统的代表。这里的雕刻并未升华到艺术创作和个性追求，仍立足于村乡生计，服务于百姓宗教信仰。用尼泊尔手工纸印制的两套藏经经典，售价分别为1500元、1700元，普通人家则常购买300多元由普通纸张印成的经书。尺寸最小、百元一捆的经文专门用于佛造像装藏，一年能卖出40万张。此外，罗布的"独具传承"还提供定制服务，为私人与寺庙按照要求的尺寸内容刻制经版。农闲时，雕刻是社员的主业，他们一整天都可以雕刻，一手木板，一手刻刀，一天下来并不轻松。

除了以合作社为单位，普松艺人还有彼此合作的传统。规模庞大的刻经委托，往往需要数名匠人协力完成。现在普松艺人们

雕版印经一般由两个人配合完成，其中一人负责固定经版和上墨，另一人拿着滚筒负责拓印。这项工作在人手紧缺的时候，也可由一人完成。
摄影 / 樊觅韵

正在做的一项长期工作，来自拉萨木如寺印经院的委托。一百多年前，木如寺用来印经的《甘珠尔》便出自普松，而此次委托共计85000多块经版，需全乡80多位艺人、几家合作社一起花数年完成。每逢这类重要工作开始前，都要郑重举行开工仪式，挑选藏历吉日，祈福敬酒，撒落青稞，给艺人们发完红包后才能开始。

共生，在普松乡漫长的雕刻传统之中，还在普松艺人与西藏印经院之间。斯曲参与拉萨甘丹寺刻经工作已近三十年，他与其他三四十人一起负责刻制宗喀巴大师全套经书

的经版。

在西藏，盛名在外的德格印经院，与拉萨、日喀则周边的一些大寺都设有印经院，在历史上有做藏纸、雕版、印经的全套流程。在普松雕刻列入西藏区级非遗名录的同一年，德格印经院的雕版印刷技艺被联合国教科文组织列入人类非物质文化遗产代表作名录。这里保存着20多万块印版，其中有300年历史的梵文、尼泊尔文、藏文对照的《般若八千颂》经版，为世上仅有。德格印经院是藏文化知识的宝库，也是西藏雕版文化出世的中心，而普松雕刻出自雪山中的一

个山谷，以更日常更朴素的姿态润泽藏族人民的虔诚信仰。

入世的探索

普松雕刻，是西藏雕刻传统之中的入世者。入世的好处是承载了普松人世代的生计与现世致富之道。2018 年，普松乡雕刻产值达 518 万元，为全乡经济收入贡献了超 1/5 的比重。

自然，也有入世后的起起伏伏。2019 年，为和尼泊尔纸、木材的供应商更顺利地合作，罗布成立了一家雕刻印刷文化公司，以配合现代商业贸易的规矩。与崭新的营业执照放在同一个架子上的旧雕版中，有一块许久不用的经幡雕版。与尼木其他手工业行业类似，普松雕刻也经历了近半个多世纪以来西藏的社会变迁与现代印刷业的冲击。近些年，经幡已改由机器数码印刷，生产效率和效益都提高了几倍。尽管经幡的现代印制也成为普松乡带动扶贫的经济新增点，但雕版与经幡之间在普松延续了千年的联结，由此断开。

延绵至今的普松雕刻，在现代技术和商业的冲击下，能否守住传统，是一个挑战。

向内，是非遗与扶贫的互动。青藏高原较内地相对边缘，发展滞后，这让西藏的非遗项目具备天然的扶贫基因。现在，拉萨市共有非遗代表性项目 167 项，尼木县占据 10 个，非遗传承人 25 名，非遗传承人开办的合作社和企业已有十多家。·因非遗资源丰厚，2018 年，尼木县被文化和旅游部、国务院扶贫办确定为第一批"非遗＋扶贫"10 个重点支持地区之一。斯曲、罗布、嘎玛曲扎等代表性传承人在政府的扶持下，吸纳贫困户为传承对象，以"合作社＋农户"的模式带动贫困户的生计发展。

向外，是"尼木三绝"及整个尼木其他非遗手工艺共同带动经济发展。享有"藏文鼻祖之乡""藏香文化之源"等诸多盛名的尼木，以"三绝七技"整合了全县的手工艺。其实千年之中，这些分散在各村各乡的手工艺已在发挥集合效应——因"尼木三绝"沟通商旅贸易，于是在"三绝"所在的普松、雪拉、吞巴之间，渐渐诞生了一个村子——尚日村。

而尼木新一代传承人和文化工作者现下的任务，不是造更多新村，而是去拼一个诸多古老手艺的整合拼图。千百年来散点式地安藏于山峦褶皱之中的各类手工艺，如夜星闪耀着各自的光，如何将其整合成一幅错落有致协调统一的画卷，如何打造悠远绵长又活力四射的藏族文化符号，任重而道远。

西藏，在众人心中是一个可与"圣境"画上等号的地方，自古以来，唐蕃古道、茶马古道与丝绸之路皆连接着西藏与内地，促进来往互通。曾经，乘着信仰，源于普松雕刻的经幡飘过山间河口，飘过湖畔的嘛呢堆，飘向更神圣或更人迹罕至的地方去。现在，时代的进步也让普松雕刻如乘上经幡上那匹矫健白马，向着高原以外，有更多人的远方奔去。

雪拉藏纸，
留存千古的智慧

撰文
孔雪

十月中下旬，尼木各村祈祝丰收的望果节陆续收尾，但雪拉村尚在热闹之中。村民开着拖拉机在田里收挖形似小萝卜的元根。青绿的田、土褐的山、透白的云，女人们深蓝的藏裙与湛蓝的天空，眼前一切，如莫奈的油画一般。

次仁多吉家的院子里堆着刚收来不久的元根，角落里小牦牛好奇地张望着，背着光的毛发看起来格外柔亮。这是次仁多吉在2007年翻盖过的家，如今，院墙上贴满了晾晒的牛粪。再过一个多月，村里家家户户烧牛粪时，这里会飘起浓郁的青草香。

平均海拔4000多米的雪拉村，与念青唐古拉的支系山脉相依，得名于五世达赖喇嘛被村民自制酸奶所折服的传说。这里还有一项与洁白有关的传奇特产：雪拉藏纸。

就算在秋冬之交的萧瑟中，70多岁的多吉一眼便从远山一丛枯黄色中认出那是"日加"——狼毒草。他已与这种高原烈性毒草打了60多年交道，最爱的画面便是夏季漫山遍野的狼毒草绽开红粉色花簇的场景。此时是深秋，狼毒草强健的根茎如冬眠般埋在地下，它们是雪拉藏纸的关键原料。

次仁多吉和两个儿子是目前尼木雪拉藏纸制作技艺仅有的三位传承人。

狼毒草之毒　水石光之舞

绕过多吉家正在发酵的青稞酒池，还未到客厅，牦牛奶制成的酥油茶的醇香扑面而来。墙上挂着在内地上学的孙女的学校合照，还有多吉作为非遗传承人去各地展示雪拉藏纸制作技艺的照片，最近的是2019年在北京世园会举办的"西藏日"活动。

作为雪拉村，乃至尼木县唯一完整保存藏纸制作技艺的家族，多吉一家过得殷实，也颇受敬重。家里保存最久的藏纸由多吉父亲在20世纪70年代制作，而多吉自14岁起就跟着父亲做藏纸，至今已50多年了。

藏纸制作的第一步，是上山挖狼毒草。

这种在青藏高原分布广泛的草本植物有着发达的根系，能适应高原的干旱与寒冷。它的花期在夏季，花苞是红色的，完全盛开后变得莹白，花簇背后是让高原动物敬而远之的毒液。越发达的根系毒性越强，而由它

目前尼木县仍在坚持做雪拉藏纸的是次仁多吉一家。70多岁的次仁多吉如今已经退居二线，多数时候只是来工作坊视察指导。供图/尼木县委宣传部

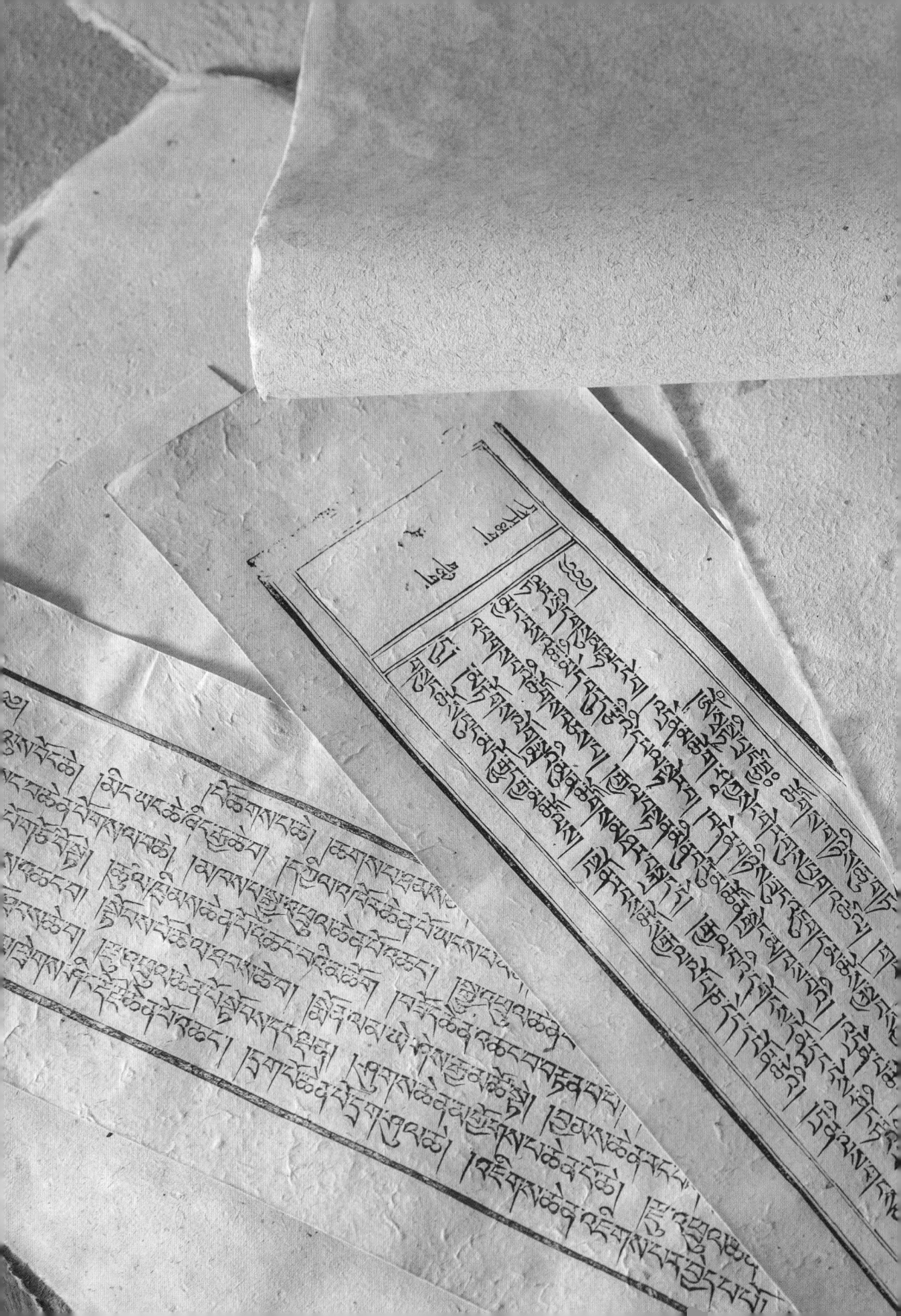

雪拉藏纸顺应现代商业逻辑，根据不同需求发展出了不同类别。除了质量有别的传统纸，还有文创产品，如夹花纸、笔记本、花灯罩等，在不断摸索中创造更多市场机遇。摄影/李稔

狼毒草是雪拉藏纸的核心。雪拉藏纸不易被虫蛀鼠咬的特性正是源于这种带着烈毒的草本植物。造纸使用的是狼毒草根部，需先将其砸碎、蒸煮，再去皮。经常接触狼毒草，皮肤容易红肿、刺痛。摄影/王宁制成的藏纸质量也越好。

制作工序像一首狼毒草与人的舞曲。它的第一重前奏沉重急促——山上呼呼的风声，人踩石的脚步声，根系被拔起的撕拉声，与之后草根被刨砸的敲击声。

挖回来的狼毒草需要处理。多吉要刨开新鲜狼毒草的根茎，撕开厚厚的粗皮，除去内层木芯，取出内里并用清水淘除泥沙和杂质，晒到半干，再用小刀一点点剔除还存余的表皮，避免将来纸上残存黑点。最后，将内里碎成细丝，按质量分开。多吉与狼毒草密切接触多年，依然能感受到其毒性的刺激，虽对人体没有致命危害，但也会造成皮肤红肿、眼睛与呼吸道微痛。

第二重前奏细腻绵长，那是一轮日光的洗礼，剥去外皮的细碎内里，散在日光眷顾的雪域高地，令残余水分自然蒸发。

"咕嘟咕嘟"，是水之舞的开场。分丝晒干后的狼毒草内里，被放入露天锅灶，加土碱或纯碱蒸煮至柔软，露天蒸煮便于刺激性气味随风飘散。

接下来，它将遇到一块特别的石头。多吉用了30多年的这块小石头来自海拔更高的麻江乡，自带强摩擦力的天然小孔，却不会被磨平，被多吉握在手中，大小刚好合适。他将煮软的狼毒草铺在一块大石头上，用父辈留下的麻江小石块以均衡力道反复捶打，直到草根成茸。攒起如土豆般大小的一团狼毒草，要经半小时如此原始的双石夹击才能进入下一个步骤，与水再次相遇。

多吉家院子里做纸的池塘，水清见底，它的源头来自海拔7000多米的琼穆岗嘎雪山。雪山的馈赠从水路由远及近，半亩大的水池像一面打开的镜子，映着天空的光彩和浮云的影子。

"哗哗哗"，多吉手搓十字花木浆，快速搅动桶中狼毒草茸与清水混合而成的纸浆。随着水花的跳跃，草茸像被打散了的水中云片。不同于中原抄纸法，雪拉藏纸使用浇纸法。多吉用水瓢盛出"云片"，缓缓浇入水塘，纸浆便浮在由四方木条绷紧棉布制成的木框之中。多吉的手在水中小心游动，均匀拨动纸浆并捡去其中杂质，其间，还需灵活调整木框的倾斜度，始终确保纸浆薄厚均衡。最后，看似轻柔却需用些力气抬起木框。水经木框渗下，光则再次亲吻历经锤炼的狼毒草。木框立起后晒干的时间视天气阴晴而定，长短在几日间。

"嘶啦嘶啦"，最终曲伴着手与日光的共舞。多吉将干燥成型的藏纸先来回用手抚平，再从一边先试着揭开分离的一角。随着手慢慢探入两者间隙，手影跃动，整张藏纸被完整地揭下。

经历了高原的水、石、光的游转琢磨，烈性毒草"日加"，在自然转化之中，变身为阳光下洁白的藏纸。

采料、泡洗、去皮、蒸煮、研磨、打浆、浇纸、晾晒、揭纸，数道手工工序，需经验、体力与耐心，稍有不慎就会破坏纸张的质量。这是藏人从公元七世纪起传承下的智慧。随文成公主入藏而传入的中原造纸术，多以竹子、稻草和破渔网为原料，而青藏高原缺乏这些原材料，软纸亦不适合藏人硬笔书写。经多年实践，西藏地区造纸先行者才发掘出因地制宜的造纸新术，逐步发展出极具传奇色彩的狼毒草藏纸工艺。

雪拉藏纸是其中的代表，纸呈米黄色，别具光泽，厚实柔韧，在阳光下隐约可见草根纤维。在这里，保存几百年之久的经书得益于这以毒护体的纸张，它们历经岁月沧桑却不被虫蛀鼠咬，既能防潮防腐，又耐得住高原的干燥。

雪拉藏纸制作技艺始终鲜活，离不开多吉一家几代延绵的家族传承与渗入日常的言传身授。回望一眼院中沉浸在水光之舞中的多吉爷爷，他身后的家院装饰着艳丽的五彩色，他眼前的藏纸像是天上落下来的云朵。一切皆坦然接受高原阳光的照耀。

最硬的盔甲　最柔的软肋

多吉的儿子格桑，今年40多岁。他跟随身为国家级代表性传承人的父亲学习、操作雪拉藏纸制作技艺，已经是拉萨市级传承人。

"小时候看爸爸做纸那么辛苦，心里其实挺不想学。"格桑回忆十几岁跟着父亲艰难地爬山挖狼毒草时的心情，空荡荡的袋子似乎总装不满，很辛苦，也不太开心。

在父亲的年代，做藏纸是一份不错的生计。村里几乎家家户户都会造纸，随便走进一户院子，便能看见一排排在阳光下晾晒的雪白四方云片。因距离拉萨较近，雪拉藏纸在历史上是周边地区寺院抄印经卷和政府文档、卷宗的官方指定用纸。

但在20世纪50年代，西藏社会制度经历了具有重要历史意义的变迁，雪拉村的造纸业曾因村民无须"支差"一度沉寂，之

后又连番经历现代造纸工业的冲击、原料的日渐稀缺等磨难，难复往昔。到了格桑要立业时，他和村里当时的青年人一样，选了另一门后来居上的手艺——木工。

幸运的是，在鲜有人问津的日子里，始终对做纸念念不忘的多吉坚持了下来。二十世纪八九十年代，一束光再次照向雪拉：因是距离拉萨最近的藏纸传统生产地，当西藏开始重视修复古籍、兴办学校时，对尼木藏纸的需求量大增。自治区档案馆在1987年与多吉签订了一份长达18年的藏纸供应合同。临近的另一座大城日喀则最大的寺庙，尼色日山下的扎什伦布寺，也发来了四五百张需求的大订单。

在这一轮雪拉藏纸的缓缓复苏中，格桑懂了父亲的心，也接过了藏纸的制作技艺。若说多吉于藏纸的意义在于坚守，70后的格桑的关键词，是应变与发展。

2006年，藏纸生产工艺被列入第一批国家级非物质文化遗产名录，多吉一家的老院子逐渐热闹起来。2016年，在县政府的协助下，他们将造纸作坊搬到了县城中心，还成立了雪拉藏纸农牧民专业合作社。除了多吉一家，合作社还吸纳了9名雪拉村的中老年村民学做藏纸，其中有6名是贫困户。这里离雪拉村辽阔的山水与慷慨的日光远了，但也迈出了雪拉藏纸的新一步。

在工作坊展览室的墙上，挂着装裱过的藏纸唐卡，头顶悬着藏纸做的灯笼，柜中铺着十几种原料、厚度、尺寸不同的纸张，单价从二三十元到上百元不等。传统藏纸由狼毒草根茎内里制成，依照原料密度与纸张厚度不同有不同规格，专供拉萨与日喀则

狼毒草去皮之后，还需放入热水中，加碱熬煮，一方面破坏根茎的纤维，使其变软，另一方面，也能起到消除毒草的刺激性气味的作用。接下来，要把煮烂的草根砸成茸状，这个步骤看似没有技术含量，但确实是个劳神的力气活。被捣成茸末的狼毒草混入清水中，就是藏纸的纸浆了。清水池的水有助于让纸浆均匀地铺满定型框。造纸的最后一步是把纸浆放到有阳光的空地进行晾晒。一般藏纸的颜色是狼毒草的原色，还有一种特殊经文用纸，需用染料把纸染成藏蓝色，在中间部位上蜡，力道适中地磨出适合印经的黑框。这种颜色能让经文显得更加庄重肃穆，相应地，用雪拉藏纸印制的一套经文也价格昂贵，通常需要上万元。

摄影／李稊（1、3、6），王宁（5）；供图／尼木县委宣传部（2、4）

现在，次仁多吉一家在尼木县城经营
着一家集制作、销售于一体的雪拉藏
纸文化体验馆，主要由儿子格桑经
营，而父亲则主抓藏纸生产的质量。
摄影 / 邱衍庆

周边寺庙的藏纸质地最厚最好；还需按照传统手工方式，以树烟混合羊脑，将中心区域上蜡，打磨成可以很好地衬托金色经文的亮黑色。

门口一本被经常翻阅的藏纸留言本上，游客和各个媒体采访团队的留言赞叹着雪拉藏纸的神奇。意识到它对内地客人的吸引力，格桑和父亲花了好几年，克服牦牛毛分布不均的难题，研制出牦牛毛藏纸，摸起来有着十足的异域风情。此外，他们还仿照尼泊尔、云南、贵州常见的纸品文创，做出纸灯和夹杂着干花的花叶藏纸、藏纸笔记本与"尼木三绝"礼盒。在传统工艺中被摘除的狼毒草褐色外皮也被回收，做出一种质地粗糙，但呈现出自然斑驳纹理的坚硬藏纸，用作封皮或包装。

走到今天，雪拉藏纸已经分化出两种高端的功能。一种落脚于审美与纪念价值，以雪域风情、传奇故事吸引藏地之外的客人，虽价高不太实用，但也拥有符合现代纸业标准的质地柔韧、不易渗墨、易回收再造等特点；一种供应虔诚信仰与官方文献，用作中国国家图书馆、布达拉宫、大昭寺、罗布林卡管理处文物修复的专用纸张，属于藏纸的传统使用。而拉萨、日喀则等地更日常的印经用纸，已开始使用来自尼泊尔的传统手工纸。它是雪拉藏纸的近亲，以喜马拉雅山脉一种叫"查克达"的乔木制成，亦能防蛀、可再生，而且价格更低。

作坊搬家后，多吉平均三天一次，从雪拉村到尼木县城，为藏纸的制作流程当监工。很多时候，他会扮演一个手法熟稔的魔术师，对着四方客人一次次地演示藏纸的神奇：用硬笔在一小片藏纸上写下"扎西德勒"，忽地丢到水中，摇一摇、搓一搓，再利落地拧干。"哇！"每一波客人都忍不住啧啧赞叹——藏文字迹竟完好无损！上下前后层叠加字的藏文，飘逸悠扬，为藏纸的魔术再加上了一层神奇滤镜。而此刻的多吉爷爷身上不见常年做纸的辛苦，反而有着自如和淡定。

不过，多吉和格桑也有一点忧愁：狼毒草已日益稀少。

制作雪拉藏纸，需将狼毒草连根拔起，之后 5 至 10 年，附近地面才会再生新草。用于做藏纸的狼毒草的成熟度，已从多吉少年时代的十几年长成的，到五六年长成的，再到近几年的三四年长成的。受原料限制，雪拉藏纸产量低，成本自然也高。多吉家因此开辟了两片狼毒草培育基地。一片有半亩大小，坐落在公路边山脚下；另一片直接占用了自己家近一亩的耕地，后者的培育情况自然更好。深秋时节，地面上约两年生的茎秆挂着深黄色的叶子。

即便年过七十，多吉仍爱在狼毒草花开得如火如荼的夏天，带着村里人爬山采摘，这是老人与群山磨合多年的默契，很多年轻人反而爬得艰难。2019 年，多吉家以 3 元一斤的价钱，共收了 4 万多元村里人采挖的新鲜狼毒草。如今的狼毒草种植大多靠播种，野生狼毒草种子的单价高达每 50 克 80 元。

无论时代怎么变，无论作坊在哪里，从自然中化生的雪拉藏纸，最硬的盔甲与最柔的软肋，还是生在山上的狼毒草。它的根，仍在雪拉。

缘起的回响　善念的升华

2004 年，藏纸入选国家级非遗项目的前两年，多吉的孙子罗布出生了。如今在尼木县中学上初中的罗布是个身板挺拔的少年，和身边的同龄人一样，他喜欢玩抖音，偶像是艺人吴亦凡。

在抖音上搜索"藏纸"，会看见一幅罗布时代的藏纸百态。这里当然也有爷爷爱的狼毒草夏季花海，但更吸引人的是有人试着用藏纸创作书法和山水画作品。此外，拉萨的小清新风格手工作坊用如美食博主一样的文艺风格画面，展示藏纸的制作流程，创作适用于教师节或情人节的现代精致贺卡。当藏纸工艺走出雪拉村，来到现代网络世界，它有了更多的可能性；同时，它又如祖辈讲给孙辈的民间故事，虽年久，却依然满足着年轻人的好奇心和猎奇欲。

"小时候看爸爸做藏纸觉得很累，不想学，"罗布说道，与父亲的少年时代形成了有趣的呼应。但随着雪拉藏纸愈发知名，罗布时常在内地客人光顾和媒体来访时为爷爷、父亲担任汉藏语翻译。这几年，在假期里，他会和从内地回家的姐姐一起做年轻客人欢迎的藏纸灯笼与夹花纸，"以后，我想上大学，想用更多办法传承藏纸。"

一个家族，现世三代人，专注于一门手艺，也在各自的时代中各有体会。

由千年以前的先辈苦心钻研出的藏纸制作工艺，所有工序并不复杂，甚至在现代人看来原始得有些笨拙、低效。它需要体力，更基于难以言传，只能意会的身体经验。因成本高、市场需求量小，雪拉藏纸日趋小众高端，以多吉一家独当传承的主力，当下远不需实现标准化、产业化，自有其慢节奏的自恰。加之尼木县与区级、国家级的非遗扶持力度逐年加大，雪拉藏纸虽孤独，却有众人呵护。

再过几年，格桑或许会将担子交到罗布身上。当家庭作坊增加了"非遗工作坊"这一更现代化、商业化的新理念，雪拉藏纸的制作工艺与符号价值都进入了现代话语体系中，朝向大千世界的对话或将由这位少年在日后开启。另外，只此一家的家族传承，确是幸运，也意味着脆弱性，这让发展的意义越发重要。加之狼毒草的来源渐少、对年轻劳动力的吸引力有限，多吉家族和雪拉藏纸还未可见的未来，在罗布这代已可预见不会轻松。

从公元七世纪到今日，文成公主入藏、佛教的传入和译经工作的大规模发展，都为中原造纸技术在藏地的分支注入了动力。独具特色的藏纸大家族，除雪拉藏纸之外，还有专供达赖喇嘛使用的金东藏纸、四川德格印经院的德格藏纸、云南迪庆藏纸，它们有区别，又都取自自然，归于信仰。20世纪50年代，这些藏纸还在各地广泛使用，为藏文化传承、文献记录和艺术发展贡献良多。而近半个多世纪的波折之后，20世纪90年代以来，在这些传统藏纸生产地都出现了抢救、复原藏纸制作技艺的努力。这让各地藏纸融于一个更统一的文化符号。

而雪拉藏纸，始终守住了在原生地保护与生长的纯粹根脉，又在当代舒展出新的可能性。它变身为艺术品，承载了审美与文化传承的多重价值，其替代品尼泊尔手工纸的出现虽进一步削弱了雪拉藏纸的实用价值，也促使它超越了实用性，蜕变为一个让更多人了解尼木、雪拉的生动文化符号。它曾经是记录、传播藏文化的载体，而今则超越了地域性质，让雪域深山的雪拉村与大千世界发生关联。千年之前，藏纸的发明本就源于汉藏文化的碰撞，如今，雪拉藏纸声名与故事的外向延展，恍若其缘起的回响。

不过，最深刻的回响，在人与自然之间。狼毒草的故事也是如此。制作雪拉藏纸是一次灵动又壮观的自然转化，多吉一家人在日常之中完成了善念的升华。原本生猛的狼毒草历经锤炼，化为雪白藏纸，于千年时光之中以身护经，在西藏传播智识与善念，以及生命的坚韧与生存的真义。它足以被称作一则传奇，而所有人间传奇最打动人之处，恰是其间最质朴的至简至善之心。

彭岗土陶，
土与火的朴拙新生

撰文
萍措卓玛

摄影
樊觅韵 等

在西藏，陶器从来不是束之高阁的艺术品。相反，来自大地的它们过于朴素，以不同的姿态隐藏在生活的方方面面。桑烟袅袅升起之处的煨桑台是陶，火炉上为酥油茶保温的容器是陶，在家燃香的香炉也是陶……这些藏地生活中的土陶，是具有生命力和美感的器物，我们对此无比熟悉却很少用心品味它的美。虽然现在有了越来越多新兴材料替代藏族百姓日常生活中的实用陶器，但它们仍然在藏族人的成长记忆和生活环境中低调地扮演着不可替代的角色。

有学者认为陶器的发明，意味着新石器时代的来临。五千多年前，青藏高原上的先民与世界各地的人类祖先一样，欣喜地发现了这个土遇上火时产生的魔法。青藏高原的土壤黏土含量少、沙砾含量多，因此，西藏陶器以夹砂陶居多。高山草甸的草皮在沧海桑田中矿化，变成了最容易就地取材的燃料，再辅以牛粪、麦草、柏枝、松木等日常燃料，火焰的温度一般能达到700～800摄氏度，这是能够点土成陶的温度，但这样的低温烧出来的陶器往往质地不够紧致，且表面粗疏。高原上燃料的缺乏，再加上陶窑技术因为人

口稀少、社会等级等原因，没有普及和精进，使得千百年来，户外堆烧依旧是烧制陶器最普遍的方式，这也让西藏陶器在历史中一直保持着它古朴的模样。

在牛背上走向千家万户

到尼木最有名的制陶村彭岗村，需要从县城驱车一小时左右。刚进村，从远处就可以看到一个小山坡上有石头垒砌的一米高围墙，给我们当向导的制陶手艺人罗布说，那就是烧陶的地方。在陶窑出现以前，平地堆烧是最常用的烧陶方式，这种十分原始的方法在西藏很多地方延续至今。

30年前，彭岗村百分之八十的男性都精通制陶技艺，如今，在现代技术冲击下，低收益的传统陶器越来越不被市场接受，很多年轻人不愿意从父辈手里接下这门"吃力不讨好"的技术。在西藏，工艺较为精进的地方多在农区，陶器制作也不例外。农民依旧以农耕为生，每年在农闲时才专注制陶，赚取副业收入。因为不是一年四季都以制陶

在彭岗村，愿意制作陶罐的人不多了，很多人最初学艺是被耕地不多的现实所迫，而且，现代新材料的发明让陶罐在藏人生活中的实用性越来越低。罗布是彭岗村仍在坚持做陶的手艺人之一，他的生意主要来自订单，按需供应，保证了陶罐的销路。

陶罐制作的流程并不复杂，使用的工
具也很简单。做陶坯用的转盘需人工
控制，很多时候，手艺人坐定在转盘
前，下一个步骤就是脱袜子，因为他
们要用脚趾来灵活控制转盘的速度。
彭岗陶罐主要靠泥条拼贴塑型，再用
各种尺寸的木板敲打泥体，使罐身光
滑圆润。

为主要工作，我认为用"陶农"称呼他们，贴切许多。

当日，已经有一些做好的陶坯整齐地码在石洞里阴干，等待接受火的考验。陶器朴素成大地的色彩，颜色如同环绕着村庄的山峦，都是自然的造物，陶器的原材料就取自这些山间。彭岗的陶土质地比较差，要用五种粗细不同的砂黏土搭配，再加谷壳、草末、碎砂或碎陶末作羼和料，提高陶泥的可塑性，防止陶坯在迅速升温中开裂。取土时，一般先就地粉碎大块原料，粗筛一遍，装好几麻袋运回自家后院，用石锤反复砸打，再过筛一两遍，把最细的粉留作口沿等细小部件用料。细筛后的土与水按配比和好，就成了陶泥。也可以将泥团放在阴凉处静置几天，一般不超过三天，让它产生类似发酵的过程，有经验的制陶人知道，泥团腐熟时间越长，制成的陶器越坚硬，但大部分情况下，腐熟这个步骤会被跳过，陶匠通常是揉泥现用。

在罗布家，我们看见了他的工作室，就在家院的露天空地上，散落着木板、木片、牛角、陶垫、刀片、砂纸、毛刷、皮条、水盆和一个转盘。这种圆形陶板转盘，一般直径约 40 厘米，轮面平整，边沿刻一圈沟槽，用于装陶土，轮子下方安有铁轴承，固定在石头上，用手或脚转动陶轮。一代又一代的陶农，就在天地之中、方圆之间，用身体推动转盘，累了喝口青稞酒解乏，将身体的能量汇聚到陶器当中。西藏使用陶轮的历史悠久，技术熟练，只有较小的陶器或细部流水、口、耳等部位靠手捏法，其他均为手脚并用的轮制法。

秋收后或春耕前是集中制陶的时节。过去，每年的那个时候，罗布把做好的陶器装在牦牛毛编织的绳索网袋里，一个网袋一般能放六个中等大小的陶罐，罐与罐之间垫上秸秆防磕碰，托载在牛背上。陶农风餐露宿，沿村叫卖，把几十个陶罐带到尼木其他村镇销售或物物交换，换回青稞、畜牧产品等。这种运输和买卖方式，很适合西藏散居的农村市场，陶罐在牧区格外受欢迎，那也是陶农长途跋涉的目的地之一。物资稀缺的互补性为这种资源交换提供了合理的前提条件，陶器就这样随着牛铃叮当走进了千家万户。

交通更为便利后，烧陶人也会把精心制成的成品带到拉萨售卖，我小时候经常在八廓街的街头巷尾看到摆摊卖陶器的人。因为上釉技术不成熟，又追求陶器的美观，他们会特意在素陶外喷层银漆作装饰。传统西藏陶器以红、黄、灰、黑四种颜色为主，种类有罐、钵、盆、瓶、壶等，直至现在，一个用心制作的陶器价格最多为数百元。作为手工制品，其价值仍停留在最基础的生活用具上，融汇其中的审美价值和艺术价值并未得到充分体现。四年前，尼木县职业中学在彭岗村做调查时，发现老百姓几乎不制陶了，仅有订单或是传统宗教活动需要时才会制作。

身心合一的制陶人

传统陶罐制作技艺随时都有消失的可能，这个问题得到了各层面的担忧和重视，尤其是非遗传承项目。2014 年，彭岗村的普琼被评为陶罐技艺制作的市级传承人，当时已年过 40 的他，迎来了生活上的重大改变。

土陶罐的"土"除了体现在陶土、燃料取自自然，连制陶的工具也十分天然。制作一个陶罐，需要用到大小、厚薄、直曲不一的木质辅助工具，还有已经弃用的旧罐盖子，方便手持并伸进比较窄的罐口作垫。甚至有工具是直接从旧木脸盆卸下来的圆弧木片，可以完美契合大陶罐的曲线。这些"不浪费"都来自经验的智慧。
摄影 / 邱衍庆

普琼如今和村里的另外两位制陶人在尼木县职业中学工作，这起源于中学美术老师扎西顿珠、次仁桑珠的推动。他们希望通过把陶艺引入中学艺术课程，创新和改良传统土陶，帮助这门传统技艺重得新生，故成立了现在的陶艺工作室。

尚且简陋的工作室里四处摆满了各式陶器和陶坯，三位制陶人白天在这里工作，晚上也在这儿过夜，农忙时才回村里。扎西老师指着桌上一角摆着的几十个带盖小碗，欣喜地告诉我们那是工作室的第一笔大订单，来自拉萨的一家酒店。旁边还放着一个红褐色平底圆锅，它的颜色格外令人瞩目，那是工作室成功试验出来的新产品，敲一敲，会发现它的响声比一般堆烧出来的陶器更脆亮。传统的彭岗陶罐是低温陶，不能用明火持续加热，而提高了烧陶温度、精确了烧陶时间后，这款有着土陶复古质朴的外表，但更加实用的火锅用锅诞生了，这是尼木制陶技术上的重大进步。

普琼正坐在垫子上专心拍打陶坯，对我们笑着打了声招呼后，又迅速沉浸到他的工作中。他佝偻着背，专注地看着眼前的泥坯，瞳孔似乎被陶土染成了同样的褐色。虽然已经是温度不高的十月，普琼还是光着脚，制陶的第一步，或许就是脱鞋盘坐。即使县中学有条件使用电动转盘，普琼仍习惯用脚趾来推动转盘，"用电不好控制"。随着脚和手一次次发力，转盘有节奏地平稳转动，他逐渐将身体的速度融入器物之中，融汇合一。对肢体的依赖似乎是西藏制陶的一个共性，工作室的另一位陶匠扎西群培在平整打磨陶坯时，很熟练地使用自己的鼻子和嘴巴作支点，支撑毛刷和固定软皮条，动作行云流水。

将陶泥放上转盘后，根据要做的不同器皿，一些使用盘筑法，即将泥料揉搓成条，从下往上盘绕成型，再用陶拍和陶抹拍打、压抹塑型；另一些大型陶器需要使用陶模，陶泥均匀盖在模子上，拍打成型后再脱模镶底，结合盘筑法完成其他部分；小型器具可以直接手捏，慢慢打磨匀称。陶体的基本形态完成之外，再拼接壶嘴、耳饰等其他结构，之后用软皮布条沾水抹光，在把手、壶颈、器物腹部等部位刻画图案，一般为平行纹、山水纹、几何图案或吉祥八宝图等纹饰。更复杂精美的陶器还会在器皿附件位置配上捏塑装饰，如酥油壶的壶嘴、把手上常饰有造形生动的神兽或宗教纹样。陶器的把手需要单独制作，在陶器彻底定型后再进行拼接，这是泥坯打造的最后一步。

让我深受触动的是这些工具的简易自然和匠人们的惜物之心。反复拍打是泥坯成型的重要环节，普琼有一块拍泥木板取自爷爷传下来的核桃木洗脸盆，因为这里木材稀缺，这些木具都被用心保存，他手中拿的是脸盆上最后一块完整的木板，这些工具在一次次的拍打中逐渐损耗，直至缺损到不再能用。普琼用来刻画花纹的工具取自牛角，也已用了几十年，他们偏爱小牛的犄角，可以画出最细小的图案。

泥坯做好后需要阴干，小的陶器需 2～3 天，大的则需 5～6 天，干后即可入火烧制。曾经彭岗烧陶普遍使用山上的干草皮，草皮经过矿化，成为一种天然燃料，被当地人称为"土炭"。制陶人在地上铺好干草皮和干牛粪，将陶坯分层错落地铺在上面，经过 12～18 个小时的烧制，泥幻化成陶，完成了火与土的熔炼艺术。

烧陶要严格把握好火候，温度不均会影响陶器的质量和颜色。由于火势的大小主要靠风力，烧陶一般选择在有些微风的晴天傍晚。火温一般能达 700℃左右，如果天气好，温度会更高些。每次烧陶，罗布总是和他的老婆阿扎分别值班，根据火势给陶火增添燃料，最关键的要诀是，陶堆顶部不能冒明火，不然陶器会被熏得过黑。

夜班一般由罗布来看，如何判断陶器是否烧好，他更有经验。罗布经常看着晨曦微露时，开始让陶火慢慢减弱，直到完全熄灭，烧制了十几个小时的陶器自然冷却，热陶罐与冷空气相遇，会发出细碎的"噼啪"声。待陶器表面降到可碰触的温度时，戴着手套的罗布小心翼翼地躬身取出成品，摸一摸，掂一掂。手艺再高的技师如他，也会烧出残次品，可能是塑坯不成功，也可能是烧得过火或欠点火候。因为烧制温度低，火力不均，陶坯也受热不均，即便是出自同一陶匠之手、烧制于同一次陶堆，成品的颜色也略有差异。罗布把烧好的陶罐一个一个轻轻地摆在空地

把阴干的陶坯从洞里取出后，直接放入大敞在天地间的烧陶坑。陶坑用红砖和石块垒出矮墙壁，烧陶时，需先在地上铺满一层土炭作燃料，妥当摆放好一圈需烧制的陶坯，再铺上一层稻草和土炭，继续堆放一层陶坯，以此往复，至少堆够四五层。细心的手艺人会在陶坯之间填满土炭和牛粪，让坯子与火更好地接触。

上，再仔仔细细地检查陶身。此时，天光已大亮，不远处各家各户升起了炊烟，阿扎也背着糌粑袋、提着酥油茶壶过来帮忙，一起迎接这批"收成"。

近些年生态环境受到关注，开挖草皮严重破坏了当地的生态环境，土炭已被禁用。扎西顿珠的工作室开始使用电窑，彭岗村委会也有意在村里成立制陶合作社，建造电窑供集体使用。用电既对环境友好，也能更好地把握陶器制作的进度。"烧得不是非常透的陶器，还能闻出一股泥土味，用电窑就避免了这种问题。"扎西老师说。

博采众长的未来陶艺

2019年10月才成立的陶艺工作室属于校企合作试验项目，也是民间保护传统技艺的一种新尝试，这类"非遗进校园"活动旨在以学校带动民间，恢复传统民俗文化的集体记忆。

普琼作为职业老师，一天能有300元工资，这份稳定的收入给了他到县城专注陶艺的底气。普琼说自己家里仍有不少牲畜，在乡里也可以带徒弟，还能做木匠、石匠，或者外出打工。但这些年来，他坚持着制陶，主要是出于对这项手艺的喜爱。他觉得十分幸运，能够没有后顾之忧地坚持自己的热爱。

县中学的两位美术老师都是科班出身，也去景德镇进修过陶瓷制作技艺，回到尼木后，他们倾囊相授，在中学里开设拉坯课，让学生体验制陶的乐趣。如今工作室的主要

堆烧方式最大的、不可控的难题是火与陶体无法均匀地接触，导致烧出来的陶罐呈色不均。不过，来自烟熏火燎的痕迹也为每一个陶罐烙上了专属印迹。

工作模式是，扎西顿珠、次仁桑珠负责设计和指导，陶器由制陶艺人协同制作。

工作室的一个创新是给尼木陶器施釉。其实，西藏历史上不乏用釉彩装饰的精美陶器，很多陶罐也会使用一种叫"亚拉"的常见红土釉料来刷陶衣。最高档的釉料——蓝铜矿和孔雀石只产自彭岗的"厅孔"一地，是历史上尼木向地方政府及各大寺院交纳的主要差役之一。矿石的开采十分艰苦，所以物以稀为贵，这些年，由于彭岗铜矿停产，再没有陶器能用上这两种釉料了。在旧西藏，只有达赖喇嘛家族及达官贵人可以享用施以上等釉的陶器，也只有手艺超群的老艺人或被政府选为"钦莫"的高级工匠才有权施釉。所以，西藏陶器釉彩技术并没有成规模，也没有发展成为一个单独的流派。扎西老师将瓷器的釉料和上釉技巧运用在了彭岗陶器上，陶面变得更致密光滑，让质朴的陶器变得精致起来。

普琼一字不识，却表现出了对陶艺强烈的学习兴趣和动力，每一次扎西老师介绍国际、国内陶器的价值和发展空间时，他都抱以开放的心态聆听。谦卑，是普琼给人的第一印象，这种谦卑是强大的，让他即使年纪大了，也有勇气面对改变。

刚来学校时，三位彭岗陶人都不去学校教师食堂吃饭。在旧西藏，制陶人与从事屠夫等职业的人同属下九流的社会类别，被列为社会最低阶层，婚配也只能在对等阶层的家庭之间进行。制陶人外出活动，会自觉在衣怀里揣上自己的茶碗，他们没有资格与官家、僧人，甚至一般平民共同饮茶，平起平坐。这种来自传统文化的枷锁或许依然背负在如今的制陶手艺人身上。

在越来越多学校教员的认可下，普琼他们逐渐变得自信，现在终于愿意去食堂与大家共餐，但每次吃完饭，都会争先恐后给其他晚辈洗碗。"他们是这么淳朴善良的人，每次工作室遇到困难的时候，我都觉得为了他们，我也要更加努力才行。"扎西老师对我们说。普琼他们对新知识的接受很快，或许有一天，他们也会进行自己的创作。

雅鲁藏布江中游流域分布着西藏的主要制陶点，已发掘的陶器遗址也集中在这片区域，其中属昌都的卡若遗址和拉萨的曲贡遗址年代最久远。卡若出土的礼器"双体兽形罐"是最知名的西藏土陶器型，形似两兽对卧，用陶罐的颈部和肩部巧妙地表现小兽的耳与尾。这也是扎西老师教学生们制作的主要陶罐器型，青藏高原上最古老的陶艺形态在五千年后的今天依旧焕发光彩。县中学布置了一个展厅，展示学生的美术课成果，其中就有很多造型各异的陶器——有双体兽形罐，有藏族传统生活器具，还有更多充满想象力的现代主义艺术品。

整个展览参观过程中，普琼一路跟着我们，他话很少，语速缓慢，衣裤上、发丝上都是土和灰，就连长了茧的手掌上的纹路都填满了泥土。"我的儿子不是很喜欢做陶，但我想我的孙子或许会喜欢。"他喃喃说道。

图书在版编目（CIP）数据

风物中国志.尼木 / 王砚主编. —长沙：湖南科
学技术出版社，2021.1
　ISBN 978-7-5710-0734-8

　Ⅰ.①风… Ⅱ.①王… Ⅲ.①尼木县—概况 Ⅳ.
①K92

中国版本图书馆CIP数据核字（2021）第012543号

FENGWU ZHONGGUOZHI · NIMU

风物中国志·尼木

主　　编：王　砚
总 策 划：陈沂欢
责任编辑：李文瑶
特约编辑：何清颖
图片编辑：李晓峰
地图编辑：程　远
书籍设计：杨　恒　李　川
特约印制：焦文献
制　　版：北京美光设计制版有限公司
出版发行：湖南科学技术出版社
地　　址：长沙市湘雅路276号
　　　　　http://www.hnstp.com
湖南科学技术出版社天猫旗舰店网址：
　　　　　http://hnkjcbs.tmall.com
邮购联系：本社直销科0731-84375808
印　　刷：北京华联印刷有限公司
版　　次：2021年1月第1版
印　　次：2021年1月第1次印刷
开　　本：787mm×1092mm　1/16
印　　张：13
字　　数：120千字
审 图 号：藏S（2020）020号
书　　号：ISBN 978-7-5710-0734-8
定　　价：58.00元